A BOOKSHOP TOUR OF

Taiwan

島讀臺灣

旅行時，到書店邂逅一本書

撰文／詹慶齡．攝影／余尚彬

方舟文化

A BOOKSHOP TOUR OF *Taiwan*

004 推薦序1 發掘特色書店的故事與風景，看見動人的生命景致 公益平臺文化基金會董事長 嚴長壽

006 推薦序2 書人一日，閱讀一天！旅人悠遊一天，走訪書店一間！《人生路引》作者 楊斯棓 醫師

東部 EAST

012 臺東．書粥 在長濱熬出一鍋人情味

028 花蓮．一本書店 用書香和美食豐足身心

042 宜蘭．嶼伴書間 一家三口穿梭書間實踐平權

北部 NORTH

054 基隆．樂心書室 田寮河邊空間小體驗深的迷你書室

062 臺北．一間書店 爬上旋轉梯進階閱讀

076 臺北．童里繪本洋行 將插畫藝術帶入生活

088 桃園．晴耕雨讀小書院 晴天耕作雨天讀書的田間小書院

102 新竹．「或者」系列書店 竹北最美的人文風景，提供多元、豐富的閱讀選擇

島讀臺灣

旅行時，到書店邂逅一本書

中部 MIDLAND

122 臺中．**中央書局** 島中央優雅重生的文化地標

南部 SOUTH

136 臺南．**烏邦圖書店** 府城明亮絕美的文化新天地

150 高雄．**三餘書店** 重新定義書店的文化窗口

164 屏東．**永勝5號** 是獨立書店，也是微型文學館的張曉風舊居

176 屏東．**小陽。日栽書屋** 「日得知．識成林」，溫暖熱情的小太陽

190 屏東．**七木．人文空間書房** 把老屋營造成棲地的生態主題書店

離島 ISLAND

202 澎湖．**沿菊書店** 詩人為故鄉土地而開的書店

218 澎湖．**植隱冊室** 植物隱藏在書冊空間裡

228 後記．**緣分砌成的《島讀臺灣》**

content

推薦序1

公益平臺文化基金會董事長——**嚴長壽**

發掘特色書店的故事與風景，看見動人的生命景致

這些年因為在偏鄉耕耘文化、教育等公益事務，當然也知道自己正在跟年齡與體力賽跑，所以盡量避免接受訪問。前些日子，難得到《名人書房》受訪，深談我在疫情期間對社會的觀察以及這幾年公益平臺做的一些事，那天度過一個非常愉快的下午，節目播出也得到許多正面迴響。

從過去到現在，慶齡是我少數見到訪問者如此用心的人，除了事前做了很深的功課，節目現場問的問題也恰到好處，同時我意外地發覺，她本人就是一個文字非常精煉的作者，有一種非常屬於自己的文字風格，讀起來賞心悅目，而且經常讓人有種會心的莞爾。

我相信這跟慶齡近幾年來，透過《名人書房》節目積累與各行各業的訪問，以及自己的用心投入有關，如果閱讀是了解一個人生命心路歷程的捷徑，那麼慶齡可以說充分地掌握這個角色給予她的機會，不但豐富了節目的內容，也深化了自己的識見和人生閱歷，真是令人羨慕！

慶齡與團隊製播節目推廣閱讀，又實地走訪各地書店，她告訴我，是受到公益平臺基金會將東海岸的文化串成一條閃亮珠鍊的鼓舞，她也想將走過的文化空間記錄下來，把這些書店的故事與特色，串連成美麗的人文風景，讓大家知道，在臺灣還有那麼多值得挖掘的角落，那麼多動人的生命景致應該被看見。

面對時下隨著科技發達，知識變得碎片炫目，膚淺急躁，書店與出版正面對嚴峻挑戰的當下，慶齡和團隊走讀臺灣，為還在這個行業默默努力的人發聲，用輕鬆的生活語調，敘述她在臺灣各地「到書店邂逅一本書」的心得，如今新書問世，期待透過此書鼓舞大家重拾對閱讀的興趣。

推薦序2

《人生路引》作者——**楊斯棓**醫師

書人一日，閱讀一天！旅人悠遊一天，走訪書店一間！

題名前半句是要向傅月庵先生致敬，「書人一日，閱讀一天」八個字出自他暢銷名作《生涯一蠹魚》的篇章。

後半句則要向本書作者慶齡姊行禮，《島讀臺灣——旅行時，到書店邂逅一本書》這書讓我想到作家曹馥年的《環島讀冊》。「島讀」當然有導讀之意，慶齡姊溫柔的吶喊：「旅行時，到書店邂逅一本書」，提醒旅人，可以把獨立書店納入國旅，而遇見一本好書，就像結交了一位新朋友！

去年八月，我收到《名人書房》節目的邀約信。當時我的作品《人生路引》已出版近一年，約訪不斷，但《名人書房》這個對談聊書的殿堂級節目願意邀我為座上賓，仍讓人雀躍不已。

只要是受邀上節目的前幾天，我總會刻意排開行程，以專心回答訪綱問題。收到慶齡姊的二十二道提問後，我在十二小時內勉力回答了八千五百字，並將文稿回覆對方。

早一步寄出自己看法，有幾個目的：

第一、對方團隊在後製上字幕時較省時省力。

第二、主持人早一步了解我的想法，節目中能從許多共識或「已知」出發，能談得更深入。

第三、主持人可以評估哪些問答過招比較精彩，得以割捨我一些張力稍弱的答案。換言之，若有餘裕，她可以問我其他問題，或本來問題所衍生的新問題。

果不其然，我們當天默契十足，氣氛非常愉悅的錄完節目。節目播出後，我在臉書上數度發文介紹《名人書房》節目，既介紹我自己，也介紹其他來賓受訪的集數，並鼓勵大家訂閱《名人書房》頻道。有遠在英國的陌生臉友私訊告訴我《名人書房》對她意義重大。這優質節目既撫慰異鄉遊子思鄉之情，也讓遊子得以「按圖索驥」，循線買書。

節目播出後，我長年舉辦的每月有獎徵讀書心得活動，參加者湧現。在時限內完成心得撰寫者，我送出三本書，從今年一月至今，我請大家讀了《宮前町九十番地》、《做一件只有你能做的事》、《阿共打來怎麼辦：你以為知道但實際一無所知的臺海軍事常識》、《全球人才搶著學！密涅瓦的思考習慣訓練》、《擊不倒你的，會使你更強大：從走唱小歌女到英特爾總經理》、《我在地球的奇異旅程》、《雪球》、《窮查理的普通常識》以及《投資哲人查理蒙格傳》，年度最後一場徵文，我徵求的，甚至不是讀書心得，而是綠光劇團《再會吧北投》的觀賞心得！

今年我已送出了好幾百本書，雖然花了我一些錢，但我總說服自己沒開車，不用繳車貸。只要你能找個理由說服自己，就能做出一些悄然改變社會的事情。

今年跟彰化有緣，幫溪州的吳晟老師二度致詞，日前還收到二林高中圖書館主任的演講邀約。每年維持一場

校園演講，有助於我了解現代年輕人的思維、慣用語與困境，主任信中告知有一份演講費以及車馬費，並選定了某天為「可能的演講日」。我回覆如下：

「主任，從媒體報導得知，您亦是推廣閱讀的有心人，過往我有一些校園演講的經驗，校園演講最怕聽眾被勉強而來。

我出了書，有一段七十四分鐘的《名人書房》專訪，我希望與會者能先看過書以及專訪，並且請他們書寫一份六百字心得以及一個問題（以書跟節目訪問尚未提到的問題尤佳）。

我的演講比較恰當的安排時間是在十二月某週一（請主任幫我安排學生們期中考後的時間點，這樣他們更能

專心聽講），我希望在演講日前一個月，收到至少三十份以上的心得以及三十個問題，演講當天，我會回答這三十個問題。

如果演講日前一個月，還沒有交心得、問題給您的學生，演講當日請婉謝他們入場。請讓我專心為事先有所付出的聽眾，給予最高品質的演講。

書寫心得的聽眾，我不會讓他們做白工，一個人我會送出一本全新的作家簽名書（不是我的書，但是是我自費購得）。

如果貴校在演講日前一個月，可以提供給我六十份心得、六十個問題，那我就回捐講師費，同時也不用給我車馬費。

如果貴校在演講日前一個月，可以提供給我九十份心得、九十個問題，除了回捐講師費，我再捐一份講師費給貴校購書，一樣，交通費免。祝一切好」

我總愛嘗試各種創意作法，把更多人捲入閱讀海。

十一月十一日，我收到主任回信，共有四十九位同學回覆，我跟主任說，我就當作收到六十份心得。

陳同學說：「結果看完影片後，我覺得楊斯棓醫師是一個說話很幽默的人。影片裡面有一些跟主持人的對話，我覺得很好笑，讓我看完這麼長的影片都不會覺得無聊。」

賴同學說：「在短短一個多小時的訪談中，主持人和楊醫師幽默卻又有料的對答裡，有時的感受是某種自己難以言喻的感覺跟觀念被具體明述出口的暢快感，有些感受則是『啊！這個新的想法太有趣了！』如醍醐灌頂的新思維注入。」

黃同學說：「我非常認真的用兩倍速把整個影片看完，心態也從起初的隨便應付、到後來的反芻回味，我很喜歡楊醫生講話的模式，

用一種玩笑話、說故事的方式來告訴我們重點。在節目中主持人講到：『自利而利他』，看似簡單的一句話卻難以實現，多數人都只做得到『自利』甚至『自私』，而非『利他』，我想不管多大愛的人在『自利』和『利他』之間也很難取捨吧！我很好奇，究竟有多少人能做到『自利而利他』？」

慶齡姊的訪人談書節目，用心鋪排，因此創造了無限可能。對愛書人來說，拋開俗事，恣意看書，是一種最高等級的享受。

傅月庵先生曾出了一本《蠹魚頭舊書店地圖》，香港青年黃曉南遊臺時，在誠品敦南店偶然撞見此書，如獲至寶，「一下子著了迷，隨即按圖索驥，在臺北尋訪書中介紹的十多家舊書店，餘下幾日行程完全改寫，臨時變了舊書店之旅」，過了十四年，黃曉南先生甚至完成《香港舊書店地圖》一書。一碗清湯詩一篇，誰說文章不值錢？傅先生自謙「沒想到自己的一本書連累人至此」，我卻讀出他心湖的陣陣漣漪。

慶齡姊的第二本作品《島讀臺灣——旅行時，到書店邂逅一本書》，也很有可能讓許多心靈變得強大無畏，催生出無數個「黃曉南」，從一介旅人，變成一座城市，甚至一個國家的文化引路人。

《島讀臺灣——旅行時，到書店邂逅一本書》，是臺灣版的 *Footnotes from the World's Greatest Bookstores*。

IT'S READING TIME!

A BOOKSHOP TOUR OF Taiwan 01

書粥

在長濱熬出一鍋人情味

DATA

Add 臺東縣長濱鄉長濱村22-1號

Mail erikkao@gmail.com

FB 書粥

「書粥」是間神奇的書店！交通不便利，環境不華麗，吸客力卻是一流，除了旅人絡繹於途，鄰人走動頻繁，還有為數眾多的「店長們」排隊等著進駐。

「店長們」？是的，不要懷疑，複數！

複數裡的人群來自四面八方，背景殊異，最年長的高齡七十六，最青春的年僅十五，最性格的終日赤膊光腳，攜弓箭曬獸皮，最內行的遠從境外其他書店來取經交流。素昧平生的他們帶著各自的故事與想望來到長濱，用同一把鑰匙打開「書粥」大門，入住屋裡唯一的房間，在短則一週、長則一個月的駐店期擔任「書粥」店長，所謂店長，全權負責書店大小事務是也，上架、

販賣、灑掃應對進退自由作主；老闆寫的「顧店生活須知」但憑良心遵守；必須盤點進書、記錄銷售，但沒有業績壓力；輪值期滿，將鑰匙交與下任店長或放回原處即可，毋須考核總結；歸去，空虛飽滿由人，晴雨都是體會。

到我落筆之前為止，能在公開論壇蒐羅到的店長體驗談，一面倒都是滿滿正回饋，社群力量大，推波助瀾換宿報名，依序排列一等就是兩年起跳，時日久長難免物換星移變數橫生，老闆高耀威只得調整店長排班策略，改成一年為期。別高興得太早，「一年」意指每年一月分排定隔年全年度班表，今年初報名，明年才輪得到，依舊望穿秋水，一家東這趟探訪臺灣獨立書店的環島旅程，正是啟於「書粥」。

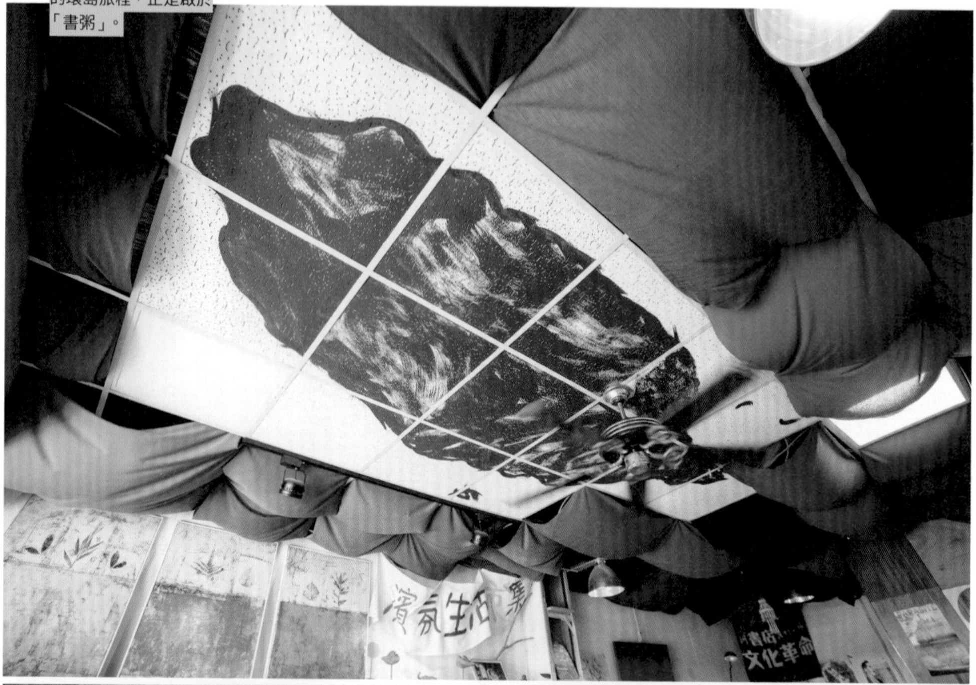

遠在東臺灣海岸偏鄉的小書店，吸引眾人前來輪班當店長，魅力何在？

臺灣偏鄉小書店，挑戰難度完勝米其林三星！

發想「顧店換宿」初始，耀威老闆其實並未刻意想去鼓動什麼，純粹只是由於當時人在臺南，書店卻開在臺東長濱，必須解決實際的遠距問題，於是發揮他善於奇思妙想的創意腦，在網路上發出邀請，以「週」為單位交換住宿誠徵短期店長，沒想到反應空前熱烈，短短三天，報名人數已排滿一整年，聲名甚至遠播海外，連荷蘭老外和香港的捧油也想來參一咖，超乎預期的「大家來當店長」熱潮，跌破老闆本人眼鏡，也引起《名人書房》製作團隊注意，我們由此企畫出該季節目「走書房」單元，造訪臺灣各地個性書店，從「書粥」出發，展開一段「書房迺透透」的環島旅程。

練習賣自己的東西，嘗試各種謀生的可能，證明自我價值

與「書粥」相遇的情節，說來頗有幾分喜劇趣味。二〇一九年當時，在那遙遠臺東長濱的小書店尚未存在谷歌地圖中，根本無法定位導航，所幸主人機巧，借用對面鄰居「哈地喇」小吃店的地址引導來人，好不容易千里跋涉來到現場（誇張了），卻大門深鎖，原來，官方資料寫的營業時間僅供參考，輪班店長擁有百分之百自主權，遲到早退無妨，體驗居遊為先。豔陽下，我們沒曝曬太久，店長及時趕回，是

來到這遠得要命的書店，每個人都能熬出自己的一鍋粥。

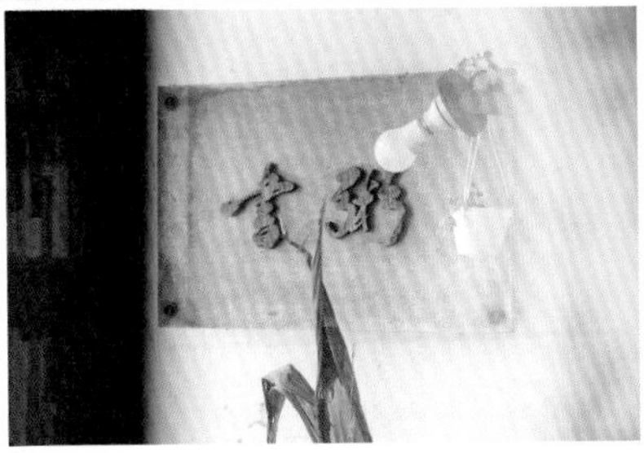

位來自高雄的美魔女退休教師，帶著愛犬到長濱過起嚮往的「書店人生」，給自己一份退休犒賞，她開心向我們講述幾日來在純樸之鄉的慢活見聞，同時大方展示自備的小飾品禮物。

禮物？當然不是送給我的。話說自某任店長開始，「買書送贈品」的拚業績模式，在這書店小江湖猛地廝殺了起來，前任幾位的服務模式，諸如「店長說故事」、「買書送畫像」逐漸不夠看，老師店長透露，據她所知最強的是「買書就送一包米。」為此，她行前還思量了許久，苦惱自己究竟該出什麼奇招拚場？圖書促銷加碼到這等境界，別說我們外人嘖嘖稱奇，連向來擅長「興風作浪」的老闆耀威也大感意外，確實，他鼓勵店長們利用書店平臺「做想做的事。」然而目的不為製造業績，而是「讓大家練習賣自己的東西，嘗試各種謀生的可能，證明自我價值。」

拜訪時正值暑期，
小書店裡總是熱熱鬧鬧。

事實上，除了書以外，在「書粥」販售的物品無論出自店長或地方鄉親，利潤都只歸供貨方，書店非但不抽成，老闆還會出主意行銷當義工，耀威最高效率的事蹟之一是幫山上老農發起限時特賣活動，吆喝左鄰右舍在三天之內合力包裝寄送了八十箱手工黑糖，雖然店內空間一度充當包裝廠兩天，看得來訪的日本鳥取書店老闆選品區服務鄉親，隔壁阿嬤的單色編織籃也是耀威的創意。

書店經營，一切以誠信為上，人手有限，能做的自己來好嗎？

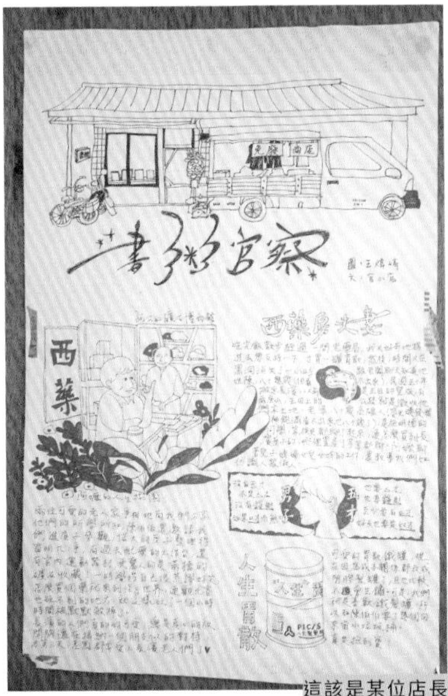

這該是某位店長在停留期間留下的觀察日記，圖文並茂。

差點掉下巴，卻協助阿公締造破紀錄的銷售佳績，還免除了老人家載貨北上的奔波勞頓，貨出去，錢雖然沒進「書粥」口袋，但他真實賺到了「自由與快樂」，後續篇章更為玄妙，現場目擊書店「沒賣書在包黑糖」的日本朋友，回國後將這段奇異見聞默默寫進書裡出版，經由一位旅居日本的換宿店長發現告知並熱心跨海寄書，耀威這才得知「黑糖插曲」無意間已名揚海外。

提供場地讓鄉親們寄賣商品實非「書粥」的原始設定，連杯咖啡都不肯妥協的老闆早有定見「只想賣書賣到底，萬一真的沒辦法靠書營生，就兼著賣粥維生吧！」開張至今，小書還算爭氣，沒給老闆機會啟動「賣粥B計畫」，店內唯一發生過的吃粥事件，是歡慶兩週年熬大鍋粥宴請鄰里，人手一碗粥，圍聚書店裡外開趴吃喝，也算不負「書粥」之名。

一鍋粥，成本不高，卻盛滿濃稠地方人情味，想當年「書粥」初來乍到，開設民宿的在地朋友二話不說行動支持，大手筆買下百本書布置民宿，並邀集其他同行認識「書粥」響應民宿購書計畫，為書店開幕鋪路，後來，頗受旅宿客人好評的早餐柑橘果醬，民宿業者自己不賣卻讓「書粥」獨賣，藉此引導旅客到書店一遊，良善的隱形助力不一而足，耀威點滴在心頭，因此店內特闢一個迷你小區回饋鄉里，展示山上阿公的黑糖、隔壁阿嬤的編織物、附近民宿的手工果醬等等，如此一來，隔鄰阿嬤也能「師出有名」隨意進出書店，以視察貨架為由大方串門子，再不怕「打擾人家生意場」了。

盡量不做什麼，只想自己喜歡的事，把異地過成原鄉

透過一間店探索地方連結社區，耀威是經驗老道的箇中高手。說起此人名號，臺南正興街商圈幾乎無人不知，十多年前「南漂」府城，自創品牌以服飾店為據點串連街區，風風火火掀起一波創生運動，翻轉了原本人車稀落的正興街，異鄉人由是成了當地聞人，卻終究沒能改變觀光聚焦之後的地方質變，自嘲如今不再「年輕氣盛」的他，來到長濱更加柔軟收放自如「不用刻意做些什麼，證明我不是外地人，現在反而盡量不做什麼，只想自己喜歡的事。」把異地過成原鄉，到處成家，四十不惑的人生字典裡，「界線」早已不復存在。

心態進化，玩興不減，如同店內看板的kuso用語「水能載舟亦能覆粥」，耀威藉著同音異字傳達他的多面向觀點「事情除了正反兩面，還有側面，不一定要正面對決，有更多面向可以對話。」體現在臺南的街區生活，側面見解曾將「正興幫」合法立案為「臺南市街區正興同協會」，名正言順推進社區營造，遭逢新冠疫情，他也採取一貫思維回應，想出零接

書店空間小，隨意覓得一位，也能即刻進入自己的書中小宇宙。

觸的「一人圖書館」點子，讓需要轉換環境的人出門透氣，一天接受一人預約使用書店獨自閱讀，萬沒料到創造出口的美意竟然引發防疫破口論戰，迴響、批評激烈交鋒，幾經轉折思考，「書粥」決定停辦這項活動，隨即採取更積極的作為，將夢想多時的獨立出版計畫付諸實現。

「我就是打死不退，用另一種方法產生連結又不造成困擾。」創造，彷彿耀威的天命，宣告停辦「一人圖書館」隔天，他立刻發想「何不請大家將三級疫情下如何活著的狀態和心情用文字記錄下來。」一時振奮，即知即行，迅速請託鄰居代書登記出版社「書粥工作室」，廣發邀稿信給其他獨立書店老闆與各領域職人，連絡設計公司朋友與印刷廠，以驚人效率三個月成書，《疫情釀的酒》證明了，困境或許能困住人身，卻擋不住人類奔馳的想像力。

在普世艱難的時刻進階理想，「書粥工作室」幾乎綜合了耀威一路走來所有行事風格：間接衝撞、逆向思考、順勢而為。「一人圖書館」挨批「愛賺錢」，他一不做二不休「把書店前兩年的盈餘全部拿出來梭哈，投入出版。」世界靜止，他把停滯當書寫題材「看看別人在做些什麼，療癒自己。」時局險惡，他反其道認為「疫情拯救了我和我的書店，出版是本來就該發生的事，只是時候到了。」

耀威看待獨立書店的存在

側面思考解決問題，疫情期間實現獨立出版計畫。

價值，很大一部分在於獨立出版，這又是他慣常從「側面」應答的具體實踐，對決書價折扣戰從出版端著手「照自己的意思做，也承擔所有風險。」聰慧如他，貫徹意志不莽撞，而是細膩地運用創意製造有利條件，從《疫情釀的酒》一書整體布局便可看出端倪，短篇散文形式減壓閱讀，零碎時間也能輕鬆看；設計成漫畫開本輕巧便於攜帶，一書在手隨時翻閱，在一片對閱讀悲觀的氣氛中，「書粥工作室」鎖定中間游移分子，創造閱讀的可能，同時堅持獨立出版的書籍只在獨立書店販售，召喚大家回書店，結果呢？答案揭曉，大型通路買不到的《疫情釀的酒》，在我最近一次拜訪「書粥」時，三刷新書正巧熱騰騰上架，相關快訊大字公告在門口黑板上，書店顧客川流不息，來往都要瞧上幾眼，新書順理成章成為到此一遊的伴手禮首選，難得舟車勞頓前來，我們當然連同「書粥」專屬書衣和手工果醬一併攻略囉！

想轉換
或撕下社會標籤的人，
都有機會在這裡重新做人

或許是暑假出遊者眾，那日匯集在「書粥」的人潮，熱鬧了本來清冷的長濱大街，我們悄悄數算了一下人頭，小小書店竟然擠進二十來人，「提袋率」也相當高，輪值的學生店長面對「盛況」有點手忙腳亂，不過一旁的老闆耀威多數時候

ANARCHISM
獨居蜂
NEW YORK STYLE
RUSSIAN

還是保持距離，避免把店長變成店員，即使老闆本人現在久待長濱，「書粥」仍然維持「換宿店長制」，他不改初心「讓想要轉換或者撕下社會標籤的人，都有機會在這裡重新做人。」外面世界的身分設定，在「書粥」都不存在，耀威以身作則，不以「老闆」姿態干預店長運作，骨子裡非常講求秩序的他坦言「經常看書架不順眼，很想重新擺正。」但往往按兵忍住，學習欣賞別人的優點，後來發現，任何擺放邏輯都不影響銷售，有時刻意打亂，某些書反而突顯引人矚目。

耀威的書店裡一定有漫畫，小朋友最愛窩在這裡。

雖然書店採取「放任」政策，交付店長運營，但基本上，選書仍屬老闆的職權範圍，耀威本身的閱讀和書店選書是同一件事，建構書牆自有一套「連結法」，起點可能源於某段時期好奇的內容、信任的閱讀人，以及顧客和朋友的分享建議，例如從「獨角獸計畫」創辦人李惠貞的推薦書，連結到同一位作者或同一家出版社的其他著作，一本書可以串接成二十本，也曾經被讀者建議的旅行文學打動，連結網越編越廣，最遠牽扯到埃及考古系列去了，此外，書中之書、電影和音樂裡的文學作品，都是他的養分來源，人與書交織構成他的雜讀知識網絡，店內對聯「小時不讀書，長大開書店」幽自己一默，實在過謙，言談風趣文字靈動的耀威分明淵博，只不過，他始終童心未泯，一邊引經據典一邊看漫畫，幾年前「走書房」第一次到臺南訪問耀威，就是在正興街的「自便漫畫屋」，漫畫堆裡談《無用之用》那幅景象，教我記憶深刻至今難忘！

也許是漫畫書魅力無邊，或者主人玩心不減適合為伴，「書粥」裡總不乏小小身影穿梭流連，孩童們出入書店彷彿走自家廚房來去自如，見著老闆直呼「耀威」不加稱謂如同平輩，課後、假日窩在「書粥」或看漫畫或吹免費冷氣，喊「無聊」就依老闆指令服務鄉里，書店牆上利用廢紙箱裁剪而成的「海洋文字攝影展」幾個大字，正是小朋友們一人認

孩子們自己動手參與布置攝影展，格外有趣。

年輕背包客絡繹不絕，
偏鄉小書店人氣與聲量
都超級高。

領兩字的貢獻。耀威是長濱孩子王，陪同他們上山下海享受自然，也經常適時機會教育，既然暑期假長百無聊賴，與其蹉跎光陰，不如來點成就感，為長濱國中哥哥姊姊們的展覽作品寫標題，習字練字兼學勞作加廢物利用，一舉數得，皆大歡喜。

縱然現在與孩子們共度童年美好，但是耀威深知，他這個外地人可能留下，當地孩子成長後卻多半選擇出走，「書粥」陪他們一段，自己相對豐收許多祝福，牆上字卡留有八歲小女孩晏仔的真摯盼望「我的願望是希望書粥可以賺大錢」，童言童語看出「耀威」在她小小心中的大大分量。

其實不只是孩童，長濱老少似乎都已習慣於凡事找耀威，「書粥」除了農產品集銷、安親托兒，現在還多了個人力媒合附加服務，農家、民宿需要臨時人手，背包客想要打工換宿，都託他引薦介紹，最後耀威索性幫大家系統化，設計招募表單，聯結貼在粉專下方，免費仲介很專業。學生換宿撲空，他乾脆出借自家房間，幫忙省旅費，把書店經營成社區暨遊客服務中心，他是我所見過的第一人，無論走到哪，耀威都能激起陣陣漣漪，即使選在遙遠的東海岸太平洋海濱，安靜地開一家「意志力不夠堅定就到不了的書店。」依舊捲起千層浪，高耀威的「書粥」不只是一家書店，它長成了長濱最有滋味的人情集散地。

OWNER'S TALK

遊牧的人、迷途的人都可以來到書店得到一點啟發。

OWNER'S INFO

耀威

經驗老道的地方創生高手，成功把人車稀落的臺南正興街老社區打造成必遊景點後，再度發揮奇思妙想的創意腦，選在遙遠的東海岸太平洋濱，開一家「意志力不夠堅定就到不了的書店。」

MY BOOKCASE

店主私房書

OWNER 耀威

喜歡提問的耀威，拋出對生命的思考，起源與死亡，離別和重聚。附帶一提，《再見的練習》作者林小杯簽繪版只在「書粥」販售。

1

2

《鰻漫回家路》
帕特里克．斯文森，陳佳琳 譯
啟明出版
2022

《再見的練習》
林小杯
是路故事有限公司
2021

慶齡帶走的一本書

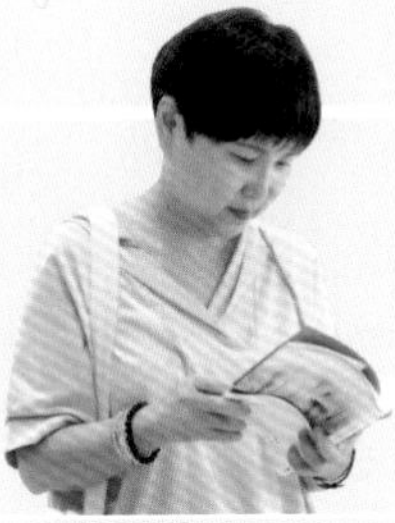

AUTHOR 慶齡

28位書店老闆與職人書寫在三級疫情下的生活樣態與內在思考，恐懼時，需要療癒，看看「會心一笑」的照片傳染快樂。

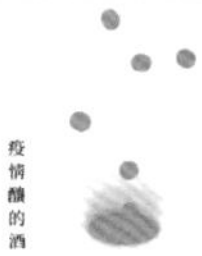

《疫情釀的酒》
書店老闆與職人
書粥工作室
2021

A BOOKSHOP TOUR OF Taiwan

02

一本書店

用書香和美食豐足身心

DATA

Add 花蓮縣花蓮市林森路293巷1弄6號

Mail mail@abook.tw

FB 一本書店

感謝我的文青閨蜜引路，帶我認識了「一本書店」。

閨蜜生性浪漫，雅好文學，學生時代就愛舞文弄墨，半輩子過去，沒當成作家，倒成了書店常客，平日工作繁重，只能利用休假泡書店紓壓；想暫時拋夫棄子偽單身，一樣往書店裡鑽。無奈，她重要的精神居所「一本書店」竟翻越中央山脈搬到花蓮去了，經她悵然一嘆，我才知曉原來臺中綠川旁曾有個詩意空間，在愛書人心中，早是極具分量的一間獨立書店，幾年來慰藉了多少如好友般的善感心靈，知交讀者無數，真虧我還製播閱讀節目呢，孤陋寡聞，慚愧！慚愧！

來不及與臺中的創始店

相遇，至少該找個機會造訪2.0版的花蓮新址吧！於是，在好友力薦之下，暑期花東行，我終於第一次接觸到傳說中的「一本書店」。

雖然地址看似複雜又巷又弄，但跟著谷歌地圖並不難找到位於花蓮市靜謐住宅區一樓的書店，外觀不張揚，同周邊中古民宅一般素樸低調，不過走近瞧，便知巧思藏在細節裡，大門口白底黑字的招牌走簡約風，字體線條如文案設計藝術俐落，主人邀請「打開門走進小書店」繪本樣式的圖文印在立面展開的棉布上，透過玻璃窗向外親切招手，讓人不覺自然動作推門入內，有別於多數店家開門見山的陳列方式，「一本書店」運用了小小的空間「換場」，進門第一

擁有設計專業背景的Miru是打造一本書店的靈魂人物。

眼先見到櫃檯以及「玄關」，稍事沉澱穩定心緒，移步往內才是主要書區，一間不算大的書店，連入場都層層用心，才初見梗概，已然感受到它過人的獨特魅力。

營造這處空間的魔術師是Miru，書店的女主人，本身的設計背景等同「一本書店」的優良基因，從愛逛書店的人變成開書店的人，Miru將專長與興趣兩相結合，創造出貼近自己理想的舒適風格，她將不同的木質材料融合為店內主調，以色差為整個開放空間區隔功能，置中的圓桌座位區濃重沉穩，端坐閱讀的踏實感由身至心；兩側擺滿各類書籍的櫃架顏色稍淺，承載知識不再加壓，視覺心情相對輕盈；書櫃間幾個雅致單人

即使從臺中搬到花蓮，熟悉的感覺沒變。

座，獨享檯燈一盞，群書左右為伴，為需要獨處的人保留一方天地。仔細斟酌「一本書店」可以發現處處精準，沒有任何岔題的多餘元素，再小的環節都不容馬虎，無怪乎臺中的老主顧們願意翻山越嶺愛相隨，即使遠在花蓮，「熟悉的感覺」始終一致。

為了孩子和山邊很美的雲，從臺中移居花蓮

每每見到從臺中遠道而來的老朋友，Miru總是驚喜又感動，既然如此，為何要捨棄耕耘了七年的臺中舊址，島內移民到陌生的東臺灣呢？主人首先破除了「隱居」之類的揣想，當年特意

書櫃間雅致的單人座，明燈一盞與書為伴，靜享一方天地。

選在梭羅的出生日開張書店，就是對於「心裡能應對的作家，行動與實踐的認同。」她認為「會寫出《公民不服從》的梭羅絕非避世之人。」搬遷花蓮，當然也非隱遁遠走，某種程度上，比較趨近《湖濱散記》切換環境的精神姿態，在這樣的行動實驗中「進行腦袋的整頓，思考物質的需求。」對他們一家而言，遷移到一個「山邊的雲很美」的地方過日子，何嘗不是記錄與觀察生活的另一種方式。

認真回溯，Miru一家起心動念遷居花蓮的時間點更早於開書店，理由確實是某一年在東遊旅途中被天空美麗的雲朵所吸引，孩子單純地脫口而出「我們可不可以搬到花蓮住？」「好啊！五年後。」就這樣，信守為人父母的承諾，他們真的來到花蓮定居，儘管因為健康等不可抗拒因素延遲了三年，Miru和先生吳巍依然克服萬難為孩子做了最佳示範「讓他看到人到中年還是可以有動力前進。」父母的身教，不只是挺過疾病的治療考驗以及繁瑣勞頓的搬家過程，書店從頭來過的挑戰更是千頭萬緒，Miru坦言：「無論是閱讀人口、閱讀風氣，還是藝文消費習慣，花蓮都比臺中還要艱難。」然而，這也讓她自覺更有責任在此開疆闢土，從而讓成長中的孩子明瞭「如何處理問題達到目標，知道自己的未來該怎麼做。」

遷居花蓮竟是被天邊一朵雲所吸引，進而落地生根。

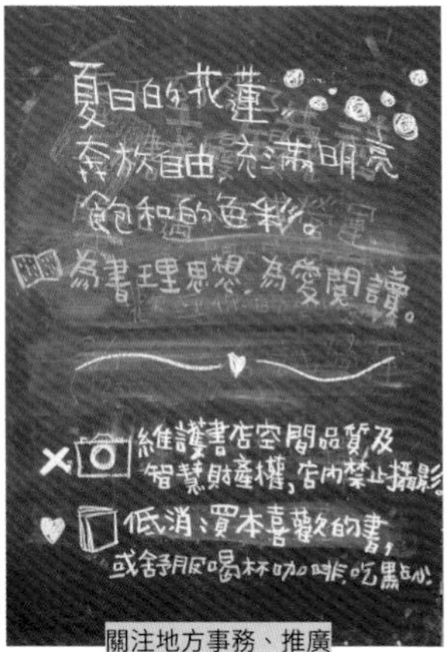

關注地方事務、推廣花蓮的美好。

專業閱書人，
不只為自己而讀，
更有義務為讀者而廣博

我始終覺得，書店長大的孩子，最是幸福幸運，尤其Miru和吳巍夫妻倆都是涉獵極廣的自由派，開放的書香之家，大人小孩時而各自選擇，時而在餐桌上平等地彼此分享，一起提升，光是想像，就令人豔羨不已。不過Miru客氣地把「真正的大書蟲」稱號謙讓給先生吳巍，不吝誇讚從小就在圖書館與書店度過童年的另一半，才是擴充書店深度與廣度的知識庫，閱讀資歷豐富的吳巍是帶引她不斷突破的良伴，舉例來說，Miru之前對普眾小說有所質疑，但先生卻提出普眾小說能「廣」的觀念，提點她進一步思考「我們現在奉為經典的作品在當時代也是普眾的小說。」言簡意賅的分析，在我聽來也十分受用。

與「一本書店」老闆談書，著實愉悅豐收，兩位主人氣質相近，沉穩端莊渾身散發書香，任何書系文類都能聊出內涵，在女主人介紹下，我才得知花蓮文化局出版了份質感刊物《奇萊有誌》，Miru應邀在以「火」為主題的新一期中，選出四本專題之書，範圍涵蓋策展紀錄、匠人技藝、詩歌與料理書，功力深厚，同時我也在她的分享中初識抽象派詩人右奈，以及畫家陳丹青，拜Miru所賜，這些日子跟著陳丹青的《局部》影片，稍微拉近了與藝術的距離。我的搭檔，攝影師尚彬也收穫頗豐，榮獲老闆吳巍推薦五十嵐大介作品，漫畫、繪本也能談，店主淵博不設限，令人好生佩服。

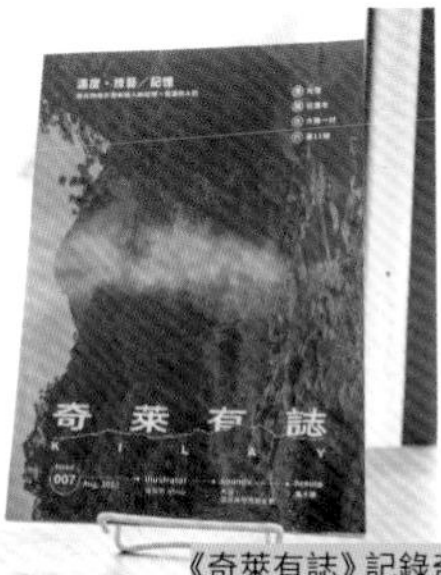

《奇萊有誌》記錄奇萊山下花蓮子民的生活故事。

進入書店先在玄關沉澱片刻，特設座椅讓讀者放鬆身心。

即使外人看來學貫中西，他們兩位仍以交錯方式共同為書店選書，避免落入單一觀點「當你對某個東西有絕對喜好的時候，就會建立另一個偏見。」書店老闆是專業的閱讀人，不只為自己而讀，更有義務為讀者而廣博，Miru與吳巍誠然是非常稱職的書店主人，大量吸納各種資訊、文類，加以整理，幫讀者開拓視野的同時，不忘自我提醒「你認為什麼是最好的同時，也是在摒除其他。」長期浸淫書海，他們深知知識可能帶來的傲慢，因而有意識地反覆省思「閱讀的人無形中可能產生其他的成見，要看到那個成見。」

書籍分類打破慣性，藉由引發思考連結的圖文，引導讀者

「一本書店」的書架具體展現了主人的心思與概念，架上每一本書都經過仔細篩選，主題分類更是打破慣性想像，飽含對知識流動的理解掌握，在「一本書店」看不到制式的政治、商管、歷史、文學之類的分區系統，取而代之的是店主的文案註解，例如「政治是妥協的技術」，小方框上還調皮地貼上邱吉爾的人像照，旁白「我絕不妥協」，懂的人會心一笑，不太懂的翻閱一下此區的政治史、英國史以及二戰相關紀錄便能稍有領會。像這樣，從群書中理出脈絡，兜出自己的小宇宙，不但能引導讀者、激發好奇，也是Miru與吳巍經營書店的樂趣之一。

就我個人的經驗而言，一個小小的分類方塊、引發思考連結的圖文，的確是一項別致的有效服務，記得第一次造訪花蓮「一本書店」時，新搬遷的店內尚未完全就緒，若非Miru現場悉心解說，我還真沒搞懂漢字的起源如何在同一架上連結到西方文學，個把月後回訪，書店差不多完備到主人心中「可以」的狀態，從圖文並茂的

分類字卡，我已經能跟著主人「跨領域」進化，蔣渭水的圖像配上「我親愛的福爾摩沙」字樣，可想而知，這是「臺灣區」，島嶼的身世、文化盡皆在此；而「政治書」也不全然圍繞著邱吉爾，借用最聰明的愛因斯坦傳達理念「我不知道第三次世界大戰會用什麼武器，但第四次肯定會用棍子和石頭。」批判戰爭自我毀滅的愚昧，想像到了吧？此區為戰爭主題，寡頭獨裁、種族衝突、戰爭紀事與文學詩歌跨越分類框架，一次看足。

親手寫下的書籍分類指引，充滿興味與感情。

生活的信徒透過閱讀反饋，讓這股使自己內心強大的力量，透過書店向外傳遞

如此費工的書架排序，形成特色卻也非常燒腦，Miru苦笑「選書是沒有被認可的能力，客人不是因為肯定店家選書而買書。」然而，他們仍然願意竭心盡力將自己閱讀歲月的累積，分享給讀者，主人是生活的信徒，閱讀是為了反饋到生活裡，這股讓自己內心強大的力量，透過書店向外傳遞，Miru在現場與線上向讀者推薦好書，然而賣起書來又高度有原則，在她的認知當中「閱讀最珍貴的不是書的價格，而是時間。」因此，她將「選擇有價值、經得起時間考驗的書」視為義務，最好是要能讓人讀到「獲得刺激」或者「起雞皮疙瘩」，如同她自己的閱讀體驗，透過專注而滲入心靈，才不枉費閱讀的時間成本。

也由於這般堅持，遇到一次大量購書的衝動型顧客，Miru反而會建議對方「先讀完，下次再來買。」聽起來，實在不太符合商業原則，但老闆的堅持其來有自，身為資深讀書人，她充分明瞭「閱讀是必須獲得了什麼，才會繼續讀下去。」與其獲取近利，她更著重於養讀者，讓這個時代還願意走進書店的人，感受到閱讀之樂，進而將書中所得應對到人生諸多面向。曾經，有位顧客請老闆推薦書，隨即想購買整套薩豐的「遺忘書書店一隅設有器物展售區，書與器併陳。

明亮寬敞的閱讀空間，希望每個走進書店的人都能盡享閱讀樂趣。

之墓」系列，卻硬生生遭到阻攔，Miru請客人先帶走一本《風之影》，她說「進入故事了，感興趣再往下一本一本買。」這麼獨特的生意經，真是前所未聞，我想，以知識為本位，與讀者交心，正是「一本書店」能培養眾多鐵粉追隨的主因吧！

生活裡，有書有食物就豐足！

還有一群死忠顧客，踏進「一本書店」卻是為美食而來，莫怪旁人嘴饞失焦，凡嘗過Miru手藝之人，都念念不忘。熱愛料理的她在書店粉專上明白表達「生活裡有書、有食物就豐足了。」可以看出，飲食料理在她生活中至關重要。店內販售的餐食、甜點、飲品全部出自Miru巧手，學設計、善料理的書店大廚，端上桌的每道佳餚皆具足色香味，我點了份以為簡單的「松子堅果優格」，結果口感層次分明，大為驚豔，朋友的「焦糖布丁」更是我們公認「這輩子吃過最棒的」，原來，焦得剛剛好的糖，是Miru為小孩試過無數回才調製出的課後點心，果然，用愛做出來的料理，最為美味。

美味的松子堅果優格口感層次分明，視覺也極為出色。

焦糖布丁是一本書店招牌商品，焦得剛剛好的糖傳達無價母愛。

好手藝製成的果粒醬和橄欖油漬鰹魚成了書店的另類伴手禮。

只要在營業時間到訪，來客都能邊看書邊品嘗主人手做的甜品、飲料，餐點則得碰運氣提前預約，熱愛生活的Miru，料理主題隨自然流轉，當年春分時節，在臺中綠川旁為苦楝樹開花，製成大受歡迎的竹籃便當，花蓮半年迎來秋分，即以當令食材做成秋分竹籃便當，她擅長擷取在地特產入菜，在花蓮認識鰹魚之後，不時推出名為「游志堅先生」的初榨橄欖油漬鰹魚，麵包絕配往往上架秒殺，由於廚藝過人，朋友甚至曾要求午餐包伙，或擺明「到你們家吃飯」，雖是高度讚賞，卻也讓女主人哭笑不得「我是開書店耶！」

「在書店內飲食，難道不怕弄髒新書？」首次造訪，我便提出如是疑問，Miru篤定回答「相信我們的客人。」不可否認，環境會影響人的行為，在「一本書店」每位讀者拿起書來都小心翼翼，我也從未見過有人放肆喧嘩（最吵的好像是我們），店主維持空間狀態近乎完美，連空氣、照明都講究均質，其中，最讓我敬佩且大感意外的是廁所，潔淨乾爽，甚至體貼地在洗手臺放置擦手小方巾，佐以親切文字說明，請將使用過的擦手巾放置到另一個藤籃中，之於顧客衛生方便，對店家來說卻多出雜務一樁，然而正是這份不怕麻煩的細膩慧心，讓人忍不住一再回訪，除了碧海藍天，花蓮之美，現在還添了「一本書店」。

OWNER'S TALK

讀書，讓心智越來越強壯。

OWNER'S INFO

Miru

老闆是稱職的書店主人，不只為自己而讀，更為讀者而廣博。大量吸納各種資訊、文類，加以整理，幫讀者開拓視野的同時，不忘自我提醒知識可能帶來的傲慢，摒除成見。

MY BOOKCASE

店主私房書

書的世界不能宅在單一領域，Miru讀詩、看故事、親近藝術，與人文主義者交朋友，體驗生活是活著的每一天。

OWNER **Miru**

1

《閱讀蒙田是為了生活》
莎拉．貝克威爾，黃煜文 譯
商周出版
2022

2

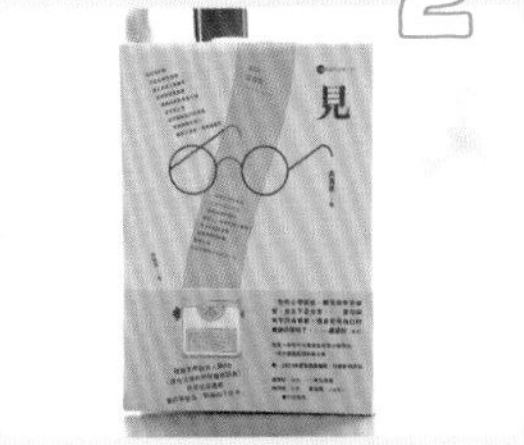

《見》
金英夏，胡椒筒 譯
漫遊者文化
2020

3

《言》
金英夏，陳思瑋 譯
漫遊者文化
2022

4

《讀》
金英夏，盧鴻金 譯
漫遊者文化
2022

5

《局部：陌生的經驗》、
《局部：偉大的工匠》
陳丹青
同心出版社
2020

6

《右奈短詩選》
右奈
時報出版
2022

慶齡帶走的一本書

跟著「孤獨的美食家」松重豐入戲，在幽默短篇中，看「掏空才能放角色進去」的演員之道。

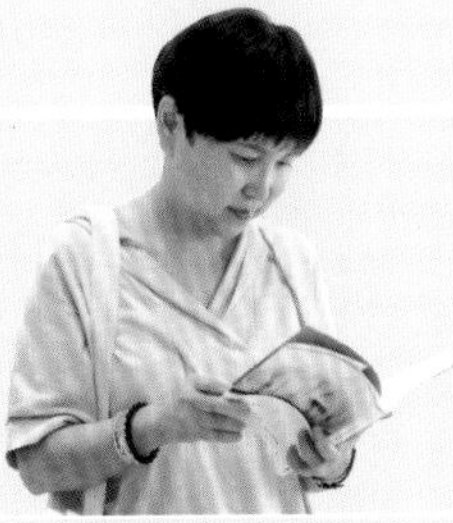

AUTHOR **慶齡**

《空洞的內在》
松重豐，李彥樺 譯
臉譜
2022

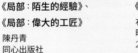

A BOOKSHOP TOUR OF Taiwan

03

嶼伴書間

一家三口穿梭書間
實踐平權

DATA

Add 宜蘭縣壯圍鄉大福路二段335號2樓
Tel 03-9108458
FB 嶼伴書間

有種書店的味道叫「書香加肉香」。我絕非餓昏瞎說，在宜蘭壯圍，當真存在這般意想不到的特殊組合，嗅聞書香前，先來點肉香刺激，書店名也相當別致，它是「嶼伴書間」。

朋友近年往返臺北、宜蘭，過起雙城生活，提到壯圍有個特別的處所，夫妻倆偶爾會去閒晃一圈，同棟建物，樓下賣串燒、樓上開書店，乍聽之下不太搭軋，但友人對型態迥異的兩家店皆有好評，想想，若能讓身心同時飽足，一舉兩得，也算方便省事，我們於是興起，模仿雙城一日遊，感受兩個縣市、兩種滋味混搭的氣息。

雖說饞人們向來貪嘴，但「精神食糧」在心中的位階永遠居於最高，我們真正的

目的地還是書店「嶼伴書間」啦！白天到訪，只有書香沒飄肉香，一樓的「路邊烤肉×團食堂」傍晚才開始營業，不過，想進書店，仍得先穿行過一樓的食堂區域，再從室內階梯拾級上二樓，現場觀察，兩店搭配並不如想像中違和，有書店為鄰，飲食空間彷彿也沾附了點文青味。

對外，藉書傳達理念，對內，如實表現在對女兒的教養態度與方式

「嶼伴書間」空間不大，環境同人一樣溫馨，最醒目的書區是占比極大的兒童天地，既是為孩童所設，重點自然聚焦在營造寓教於樂的遊戲感，貼心鋪上軟墊，讓

要進書店必須先穿過樓下的飲食空間，從室內梯上二樓。

一樓烤肉店傍晚營業，肉香加書香的味道開始飄散。

小小來客可脫鞋席地而坐恣意活動，周邊圍繞各類具有啟發功能的童書繪本，還有相對深層的兒童人權、平權相關主題書，明確組構店主的關懷焦點，念社會學的女主人青樺，生下女兒樂樂成為母親之後，對於關乎兒童安全與身心發展的遊戲空間權利議題感受極深，早前即參與「還我特色公園行動聯盟」動態呼應訴求，如今，以自家書店為實踐場域，對外，藉書傳達理念，對內，則如實表現在對女兒的教養態度與方式。

書店總說這裡有三位主人，爸爸治德、媽媽青樺和女兒樂樂，也就是老闆、老闆娘，加上一位小老闆，書店大小事務，三人享有對等投票權，共同決定，我們笑

成為母親之後，女主人青樺對於兒童安全、身心發展等議題特別重視。

問「兒童不算半票嗎？」不，別忘了這裡講究「平權」，不分年齡，三人都是全票，效力相當，即使孩子有時不懂大人世界裡的現實無奈，夫妻倆仍以理性溝通取代強制執行，讓女兒在成長過程中學會尊重與包容、做決定和負責任。

環顧店內，小老闆樂樂的存在感確實超強，除了她的成長書種類繁多，窗上的童詩、短句，皆是她的即興之作，甚至廁所裡的磁磚顏色樣式也出自她的選擇。交談中，樂樂不時插播「這是我做的，那是我想的。」一方小天地，收納小女孩的快樂童年，以及未來一生的人格養成，在這裡，她得天獨厚打滾書堆，並善盡小老闆義務為小讀者推薦童書，樂樂

占去書店絕大空間的兒童區、種類豐富的繪本與兒童書籍，窗上的詩抄……小老闆樂樂的存在感超強。

自豪表示：「很多書被買走，《好朋友傳說》賣得很好喔！」青樺媽媽進一步說明：「有時候，大人不見得能理解小孩看的書，年齡相仿的消費者經驗往往更好。」樂樂不只活躍現場，偶爾也能在「嶼伴書間」臉書粉專看到她的說書影片，我們請她現場來一段，只見小女孩快步跑向書架，精準抽出那本想要分享讀誦的童書，煞有介事地為我們說故事，過程中偶有卡頓，父母一旁耐心等候，並不出言相救，待她自己克服過關，樂樂果然漸入佳境，語氣口吻越來越融入故事情節，一會兒突然來個「哈哈！」下一頁又驚呼「天啊！」豐富的聲音表情，逗得我們樂開懷。

因緣際會促成了島內移民的重大決定，選擇宜蘭落腳實現「開店夢想」

當初，為了找回「真正的生活」，一家三口從臺北移居宜蘭，開書店儘管創業維艱，但他們似乎真的擺脫了嘈雜市囂，進入理想的家庭生活樣態。過去臺北居的日常裡，爸爸經常不在家，身為影像創作者，治德長期在外拍片，孩子幾天見不到父親是互動常態，某次工作出差之前，女兒對他說「下次再來玩喔！」童言童語，聽得他震驚又心酸，曾幾何時，在外拚搏的爸爸變成孩子眼中的客人了？

諸多內外碰撞，激發人生思考，因緣際會促成了一家三口島內移民的重大決定。選擇宜蘭落腳，除了治德本身與東部頗有淵源，難忘兒時到花蓮外婆家過暑假，奔馳鄉間的田野體驗，拍攝工作也讓他與宜蘭結下不解之緣，一次「潮間帶文化旅遊踩點」活動，解除了太太青樺的塞車疑慮，生涯規畫中的「開店夢想」因而提早發生，嗜讀人青樺在先生與女兒支持下，一家人齊心克服疫情難關，合力DIY，歷時一年走走停停，終於建構出「嶼伴書間」。

人生大轉彎，源起「陪伴」一念，店名中的「伴」字由此而來，對青樺而言，「伴」尚有更寬廣的涵義：夫妻相伴及讀者伴隨，至

三位都是店裡的主人，
店裡大小事務一起討
論，共同決定。

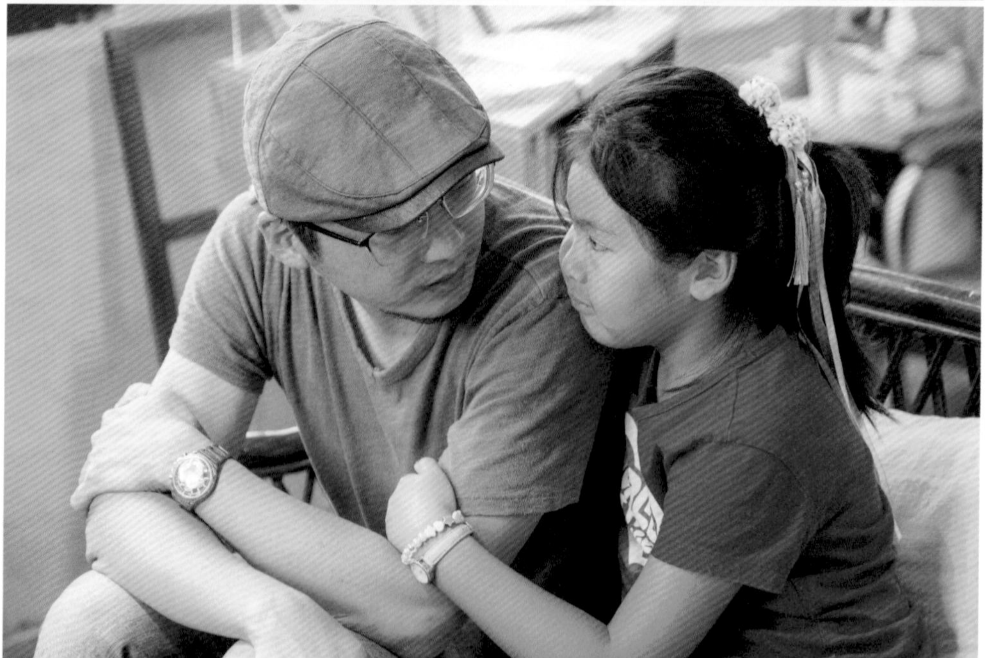

於「嶼」一望而知象徵我們的臺灣島嶼，除了地理概念，個人、家庭亦為小單位的島嶼，「嶼伴」相合即為彼此陪伴，其後刻意取用「書間」，則表意穿梭書本之間，畫面感十足。書店的LOGO巧搭店名意象，小女孩追著書本迎向龜山島，父母視角凝視孩子背影，滿懷祝願期許，看似簡潔的圖像，包容萬千。繪圖者是店主夫妻旅居澳洲的插畫家朋友，同書店主人一樣細心耐性，與大人激盪、小孩磋商，修圖二十幾次，往復好幾個月時間才定案完成，這間小書店裡的所有元素，背後都隱含人際間的親情友愛，「伴」的人字部首，體現得淋漓盡致。

青樺是書店裡陪伴讀者的靈魂人物，入口處推薦書區是她的策展天地，到訪當日，我們明確感受到以「愛」為題的選書精神，佛洛姆《愛的藝術》經典不朽，搭配青少年讀本《旅程》與《卡婷卡和她的寫作練習》，從童稚之眼看待「失去」，同時放大格局關注戰爭難民的困境，感受世間非關血緣的包容大愛，青樺相信愛的巨大療癒力，能夠透過紙頁讓故事裡失恃的女孩獲得創作啟發，亦可經由《送書人》傳遞意念，其中不無這位書店主人的自我期許，為讀者歸納統整相關議題，讓出版者的心血被完整看見，因此，即便空間有限，她仍將每本精心挑選的重點書秀面排放，青樺感性地說：「現在的書很美，每本都是出版業者努力設計出來的，希望讀者能看到正面，感受書本的整體性。」

挑進來的書不見得賣得出去，可是這裡的人可能需要這一本，我就會選

女主人聚焦教育、女權及社會多元議題，男主人則發揮專業所長，管轄影像、音樂與藝術選書，儘管生存問題現實惱人，但治德依然秉持原則「挑進來的書不見得賣得出去，可是這裡的人可能需要這一本，我就會選。」

他進一步說明「因為宜蘭離臺北太近，反而常常被跳過。」舉例來說，從事紀錄片創作的他，卻幾乎無法在宜蘭接觸到非商業片，選擇相對稀少，日前為了爭取《臺灣男子葉石濤》到宜蘭，書店與好幾個單位連署疾呼，好不容易才得以放映五、六場，讓宜蘭人就近觀賞，造訪當時，他們正再接再厲號召詩人吳晟的紀錄片《他還年輕》巡迴宜蘭，治德與在地學子互動，深刻感受到他們渴望文化同步的熱切之心，宜中學生們口耳相傳「老闆也會看電影」，陸續來到「嶼伴書間」與他聊天交流，升學壓力下，找尋心靈出口，探索另一種對應世界的可能，那樣的慘綠青春，我們都曾經走過，對於紀錄片工作者治德而言，青少年的真誠訴說，何嘗不是給予他的莫大回饋。

這位拍電影的書店老闆，將珍藏的電影海報與書籍放置店內展示，當然，這些物件都是只借不售的非賣品，大方分享意在知識流傳，他也著手規畫小型影展配合交流講座，鼓勵刻正努力當中的創作者，他的靈感來自當年在舊金山留學時，開放閒置影廳讓學生發表作品的劇院，回想當時，年輕的他帶著尚未成熟的8釐米作品，前去排時段公開發表互動交流，個人成長經驗，擴充書店「陪伴」又一面向。

「嶼伴書間」著實將「陪伴」做了相當深廣的延伸詮釋，形諸教育、書冊、電影，還有「不一樣的社影課」學員成果展，臨去前，青樺贈我一本《等月色到來》，封面清新的新詩集是宜蘭高中與蘭陽女中老師，帶領「真愛新詩下午茶」社員們完成的新詩創作，豐沛想像力濃縮於精煉文字，青春詩人令我大感驚豔，學子有才、夫子有心，流連「書間」，無處不是陪伴！

小店空間雖然不大，主人仍誠意十足提供展覽場地。

影像與藝術類書籍由治德挑選；店裡還展示了他珍藏的許多電影海報。

OWNER'S TALK

書店可以
不經意丟一顆種子在某人心裡，
只要看到就有機會。——青樺

OWNER'S INFO

治德、青樺和女兒樂樂

主人共三位，爸爸治德、媽媽青樺和女兒樂樂，書店大小事務，三人享有共同決定權。兒童人權、平權相關主題是念社會學的女主人所關注的議題，更以自家書店為實踐場域，男主人則發揮專業所長，管轄影像、音樂與藝術選書，善盡義務為小讀者推薦童書的小老闆樂樂是最佳見證。

MY BOOKCASE

店主私房書

OWNER 治德、青樺和樂樂

社會學家的散文，看似零碎片斷，對應皆是生命構面，念社會學的青樺習於探究本質，面對教養課題亦然，書店踐行平權主張；小老闆樂樂，也分享她愛的擬人化繪本。

1

《孩子與惡》
河合隼雄，林暉鈞 譯
心靈工坊
2016

2

《以我為器》
李欣倫
木馬文化
2017

3

《片斷人間》
岸政彥，李璦祺 譯
聯經
2021

4

《公園遊戲力》
王佳琪、李玉華、
還我特色公園行動聯盟
聯經
2020

5

《我是你的腳踏車》
石井聖岳，陳維玉 譯
小熊出版
2022

慶齡帶走的一本書

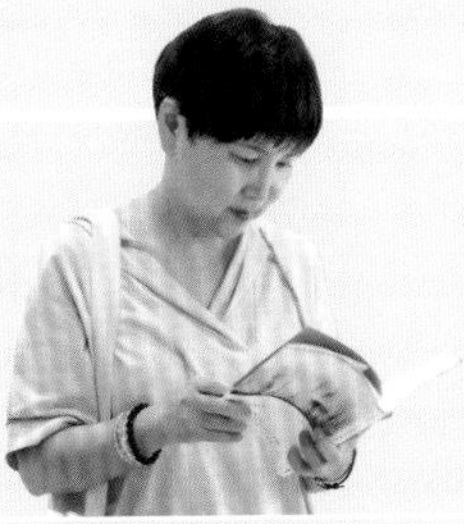

AUTHOR 慶齡

店主的主題選書，某種程度反映她的書店人生，串起人與人、人與書的連結，每本書都會找到與它對應的人，這一天，我們湊巧看對眼了。

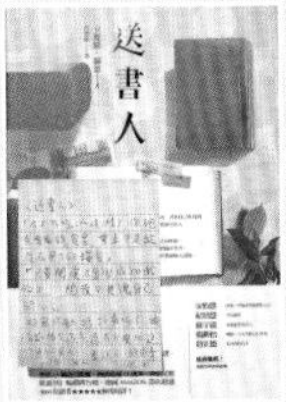

《送書人》
卡斯騰．赫恩，黃慧珍 譯
皇冠
2022

A BOOKSHOP TOUR OF Taiwan

04

樂心書室

田寮河邊
空間小體驗深的迷你書室

DATA

Add 基隆市信義區東明路88號1樓
Tel 02-24666026
FB 樂心書室

造訪過的書店當中，「樂心書室」擁有幾項「之最」，空間最迷你、開業時間最短、主理人年紀最小，同時，也是唯一以個人名字命名的書店。

「我沒想過別的名字，可能是自我認同的傾向吧！」年輕的樂心如是說。

有時候，我們不得不承認，世代差距確實存在。第一次拜訪「樂心書室」，得知店長年僅二十三，著實令我訝異，記得她當時直率問我「那你二十三歲的時候在做什麼？」好問題，但我的回答遜斃了「嗯，應該還在擺爛吧！」其實，我那年代並非人人都同我這般渾渾噩噩蹉跎歲月，同儕間不乏像樂心一樣，想法、動能俱足，早早規畫生涯的就業楷模，

只不過彼時的文藝青年，尚未開發「書店」這個選項，展現自我的信心，也不若新生世代來得飽滿。

事實上，「樂心書室」已經是年輕女孩的第二個店長職了，還沒踏出校園，她已進入書店擔任企畫，稱自己「不喜歡兩個生涯中間有斷點。」修完學分，隨即布局未來，超前部署，書店人員流動率高，不多時，就獲得機會升為店長，儘管任職時間不長，關於書店經營的概念已經初具雛形，這段經驗也為她開通不少資訊管道，當基隆市政府主管機關轉知「86設計公寓開放進駐實驗計畫」，以田寮河旁的舊警察宿舍實驗水岸生活，她便提出相關申請，從而開啟屬於自己的書店人生。

一般總以為，年輕，意味沒有包袱，可以盡情揮灑，不過樂心分享她的起步心情，年齡反而為她加諸許多沉重，批評者言，輕則「年輕人不腳踏實地，只想要小確幸。」說重話的，直接來信點明「基隆的書店，這裡位置最差，三個月做不起來的話，就趕快壯士斷腕吧！」

我到訪時，距離書店開幕，已經過了三個月的兩倍再加一個月，經營七個多月，看起來有模有樣，兩次前往，主題書區都有新意，初訪，聚焦電影，權威影評人藍祖蔚的臺灣電影備忘錄《叩問》與《夢迴》一套兩冊，醒目置中，現任國家電影及視聽文化中心董事長的藍祖蔚，百忙之中還曾受邀前來小書店分享座談。二度拜訪，主題變換為書店，管理、陳列、書店的故事反映店長現階段的關懷，表達相當明確。

如同許多書店主人，藉主題選書與活動分享對外溝通，同時滋養內在，樂心喜歡電影，大學也修習過相關課程，然而，真實的互動交流，讓她深刻體會藍祖蔚所說：「了解是無窮無盡的，一輩子做同一件事，何德何能這麼幸福！」書店，是否也能成為終生學習的志業呢？對二十出頭的女孩來說，這命題未免過於嚴肅，但至少，汲取前輩的閱歷精華，讓她自覺「被增厚、擴大了。」

不可否認，「樂心書室」的地理位置與交通便利性並無優勢，舊宿舍整修也有一定難度，然而，若定位為社區型書店則另當別論，加上老屋活化是近年顯學，小書店作為鄰里的文化交流中心，反而有其利基，基隆長大、清大人文社會學院畢業的樂心，自有足夠智識掌握在地經營的核心概念，運用小空間特性，深化顧客體驗，從小培養的閱讀力，以及校園刊物的編輯與活動經驗，讓她累積一定底氣應對讀者，她說，與客人聊天是書店生活常態，短則一小時，長至六七個小時，甚至聊到書店打烊還欲罷不能，這種附加人情的耐心服務，唯社區小書店才能辦到。

當顧客變成朋友，更深層的熟悉度有效提供店家判斷依據，除了電腦銷售紀錄，年輕聰明的腦袋亦是最優化資料庫，樂心記得多數常客的偏好，也抓得住讀者需求，她有自己一套客製化服務，為讀者訂書、快速提供新書訊，根據她的說法「因為在乎每個人，就會記住，不用刻意或者很用力，這裡提袋率幾乎是百分之百。」這種銷售達成率，想必所有店家都會羨慕吧！

標榜「以文學進行一場地方陪伴」，書店設定主題為臺灣文學，新時代的臺灣文學定義寬廣，收有不少年輕一輩創作，不過「完全沉浸文學會過於感性，還是需要一些理論，所以用心理學來支撐感性。」此外，年輕人的年輕店裡，少不了「一些好玩的、生活風格類的，像是怎麼走到產地，或者跟著文學地標旅行。」店長能聊，但書也能自己說話，透過書架內容與鋪排，空間裡無聲的對話悄然進行。

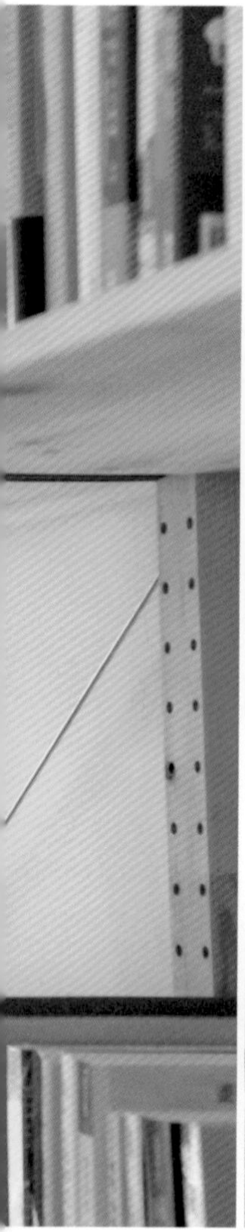

社區書店通常都包含著在地元素，「樂心書室」裡同樣有個基隆小區，《正好住基隆》、《基隆的氣味》、《基隆吐露》一列排開，讓我首次見識到如此完整的基隆生活札記和雨都紀事，印象最深刻的是立面放置的《八尺門》攝影集，大師阮義忠對原住民部落的關懷，震撼醒目。同時我也好奇店內為何特別凸顯菩薩寺的出版品《光師父說》，一旁還放著紀錄民間信仰文化的《拜請》，

樂心說明，她所著重的是「信仰共通的道理，精神上的學習。」

確實，無邊界往往讓我們吸納更多，樂心的名字來自聖經「喜樂的心乃是良藥」，她自認還沒活出這個名字的真諦，不過，開放平等的文化態度本身即是喜樂，基隆在地書店毋須畫地自限，南方港都高雄、澎湖四島紀行都在這裡獲享尊榮待遇，小書店自由灌注理念，時鐘放低不高掛，因為「認真閱讀的時候，時間已經不重要了。」

日前，小空間改裝更新面貌，升級體驗舒適感，每間書店都有自我風格，在這裡，主人心中理想的樣子，就是讓有緣人在「樂心書室」讀出充實快樂的心。

MANAGER'S TALK

我是一間移動的書店，
理想的書店是人與人的深度溝通。

MANAGER'S INFO

樂心

最年輕的書店主人，以自己的名字為書店命名。自我認同強烈，能動性強，從小浸淫書堆，忠於本心，試圖將書店轉化成自己的樣子。

MY BOOKCASE

店長私房書

閱讀，時而追尋嚮往，時而反映個人體驗。情詩，投射生命必經的情感悲喜；修煉身心的散文創作，字裡行間訴說你我；沙漠裡的書店，是片斷亦為永恆，埃及女性的書店人生映照自我。

MANAGER 樂心

1

2

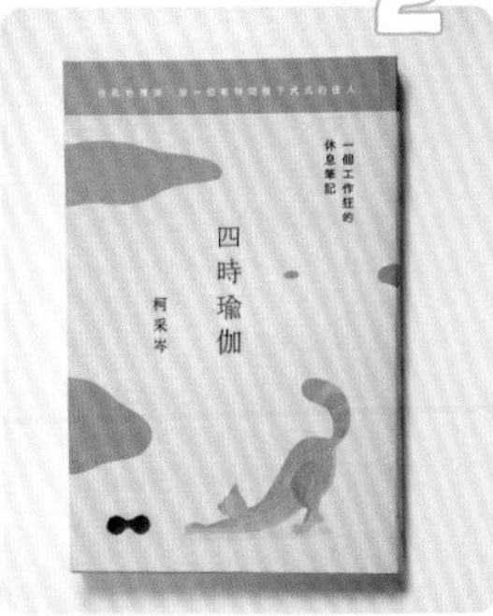

3

《痛苦的首都》
波戈拉
木馬文化
2013

《四時瑜珈：一個工作狂的休息筆記》
柯采岑
重版文化
2022

《沙漠．詩集．書店》
娜蒂亞．瓦瑟夫，陳柔含 譯
野人
2022

慶齡帶走的一本書

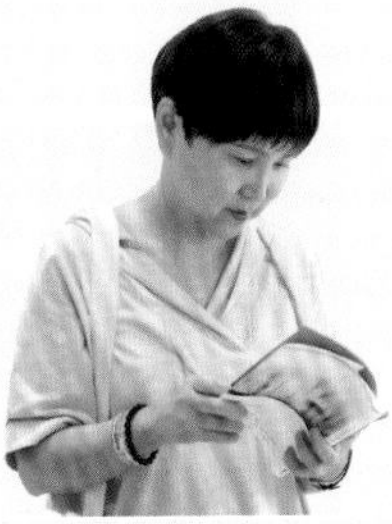

AUTHOR 慶齡

在一間小書店選一本輕盈的小說。小川糸的作品清新溫暖、細膩動人，前作《山茶花文具店》從代筆人的故事認識書寫文化，這回，探訪手套國度拉脫維亞，領受神的祝福。

《暖和和手套國》
小川糸，平則摩里子 繪
韓宛庭 譯
圓神
2020

A BOOKSHOP TOUR OF Taiwan 05

一間書店

爬上旋轉梯進階閱讀

DATA

Add 臺北市長安西路138巷3弄11號
Tel 02-25599080
FB 一間書店 the1bookstore

熱鬧的臺北捷運中山站附近，有這麼「一間書店」。

「哇，好美的書店，這是哪裡啊？」朋友社群貼文的美照，第一眼就擄獲了我的注意力。儘管「美不美」向來並非我評選書店的標準，然而透亮挑高空間裡醒目的旋轉梯吸睛力十足，搭配懸吊於上的朵朵雲燈，襯著滿室純白相得益彰，散發一股仙境童話小清新，很輕易便影響了我的腦波。

「這是一間書店！」朋友簡短回答。咦？這是哪門子廢話，我的老花眼還不至於衰退到看不出這是一間書店吧！耐著性子再接再厲追問：「那它的店名叫什麼？在哪兒啊？」這回，朋友繼續加碼跳針：「長安122

的一間書店。」奇怪，這人今天是怎麼了？跟我完全對不上頻率，罷了罷了，再糾纏下去怕是七竅都要生煙了，既然連個店名都千呼萬喚不出來，或許這「一間書店」本質上與我無緣！

緣分這檔事經常表現得不可捉摸。時隔幾日，另一位出版界朋友正巧也提起開幕不久的「一間書店」，強烈建議我有空去瞧瞧，後續情節發展，想必各位看官都想像得到囉！長安西路上的戶外燈箱招牌明明白白刻寫著「一間書店」，站在現場想起前幾天線上的雞同鴨講不禁莞爾，歸根結柢原來怪我悟性太低，人家店名就叫「一間書店」無誤啊！然而自我解嘲之餘仍免不了一番嘴硬：書堆裡打滾的人怎辭窮至此？「一間書店」這種名稱也太過便宜偷懶了吧！難不成將來展店乾脆無限接龍取作「二間」、「三間」、「四間」書店……？

「對呀！鼓勵我開書店的那位長輩真是這麼想的，這裡是一間，接下來開的就叫二間，然後陸續一路開下去。」啥？我沒聽錯吧，這年頭開一間書店已經堪稱勇敢，一路開下去是什麼樣的概念？威利店長似乎不太在意我的大驚小怪，繼續若無其事娓娓轉述老人家的心願，「他自覺年紀大了，應該為社會留下點什麼，閱讀力是國家的競爭力，所以書店是最好的傳承，他擔心實體書店消失，未來年輕世代沒機會感受我們曾經有過的、那種與書相遇的驚喜美好，因此希望盡他餘生最大的力量，在臺灣催生出更多書店。」

很難以任何語彙精準形容我在這段對話當中油然心生的感動，我是個書店愛好者，即使學問不大，然而逛書店總讓我自覺提升，來去一回便彷彿修練一層，有人願為我們廣開書店，何其浪漫且振奮人心。但，逛書店和開書店可是天差地別的兩回

走入社區融入鄰里，每個地方都該有一間書店。

青旅變身的書店，雲朵燈高掛，照亮兩層樓挑高空間。

事啊！我也曾幻想開書店，不過從童年到中年從未有過八字裡的一小撇，相較之下，眼前這位店長著實勇敢奮進，中年轉業即知即行，短短幾個月就從愛書人變身為送書人，動能超強，而我，就這麼置身他們夢想的起點「一間書店」當中！

製造人與書的邂逅
青旅轉身重生一間書店

那些看似意外的人生，仔細追索，其實都像是一樁樁偶然串連交織的結果。在開設書店之前，威利店長是個青旅老闆，在青旅一樓咖啡廳桌上隨意擺放的幾本私房書造就了第一個偶然。他怎麼也沒料到那幾本書竟然意外引起幾位銀髮來客注意，因而與他攀談了起來，根據威利形容，穿著全套三件式西裝和高雅裙裝的紳士淑女們，宛如一群「從昭和時代走出來的貴族。」氣質秀逸談吐不俗的長輩團懂咖啡更懂書，老闆與顧客在此天南地北聊成了知音，從個人覺醒、文化哲思到家國情懷，兩代文藝靈魂如命中注定般碰撞在一塊兒。不久之後，第二個偶然來臨了，青旅在疫情蔓延時轉手經營權，而滿口生意經的旅店老闆則順勢轉進宏遠的書香藍圖裡，搖身成了書店主人。

第三個偶然說來也有些宿命意味，「一間書店」店址前身原本屬於另一家青旅所有，同樣因為疫情調整策略才讓出這一塊兩層樓空間，身為同行，威利眼明手快把握了這個偶然，取得先機進駐，青旅十年的滋養學習助他高效完成建物改造大作戰，保留部分普受歡迎的設施，融入書店必備元素，善用空間高度優勢營造開闊感，再以旋轉梯貫穿銜接上下樓層，「一間書店」於焉成形。

店長選書高標準挑戰閱讀　豐富一生僅有一次的青春

儘管一再強調外觀美感有點膚淺，但不可否認，從青旅變身的「一間書店」視覺條件確實先天優良，玻璃帷幕穿透挑高空間，舒心悅目，尤其夢幻旋轉梯畫龍點睛，從哪個方位觀看都是其中最引人注目的核心結構，開幕後旋即吸引眾多網美前

文青店長愛讀深奧的書，一路與自己賽跑，挑戰閱讀馬拉松。

來取景留影，擅長捕捉最佳角度的影中人們尤其偏好斜倚在二樓走道間的懶骨頭上，由高處俯瞰全局，幾何書架、閱讀區、雲朵燈、旋轉梯合組成空中樓閣，各自獨立又相互映襯，爬上二樓與之等高彷彿漫步在雲端，自然而然飄出些許仙氣。據說，來到「一間書店」，這方寸之地非拍不可，網路社群強大的渲染力連名人也瘋狂，一向愛書也身兼作家的曾寶儀是最早來此地朝聖的明星之一，她還促狹地追問威利：「你店裡怎麼沒擺我的書？」嚇得店長霎時冷汗直流，知錯能改立刻進貨，我聞言大笑，隨即打蛇隨棍上再補一槍「你也沒賣我的書喔！」

愛逛書店的朋友應該都能意會以上純屬玩笑，話語間的真義實則在恭維店長精挑細選的高標準。威利是典型的建中文青，從小愛閱讀的他坦言青少年時期開始生出一種無以名狀的「炫耀心態」，刻意強迫自己去讀「很深的書」，例如霍布斯邦的《年代四部曲》、卡西勒的《人論》等等，每每完成一部「巨著」，便象徵功力又加深一層，他自嘲學生時期讀這類艱深的書，某種程度是在「追求盲目的credit。」

如今回頭看，當年的「自戀行為」著實有益身心，享受閱讀帶來的成就感，豐富了一生僅此一次的青春，他鑽研歷史哲學近乎執著，也由此學會如何跨越個人疆界放大格局，站在高處用系統架構來看問題，曾經，他泡

旋轉梯雙重意象，製造視覺美感，引導進階閱讀。

書店吧檯前的沙發區是我最愛的角落；
店裡最受歡迎的打卡點，則是二樓的
懶骨頭座位，皆是一派休閒。

在《革命的年代》裡無法自拔，極度推崇霍布斯邦「幽默的諷刺感、獨特狂野的記憶。」這股對於法國大革命的癡迷研究甚至一路延伸到一九六八年著名的法國學運「五月思潮」，但是……「等等，你不是老自稱右派嗎？怎麼看的盡是左派史家，還崇尚革命？」

威利不以為忤，顯然已經不只一次受到類似挑釁了，他甚至自動加碼爆料高中同學的戲弄之言「你右派的，怎麼開起獨立書店來了？」

對於學商、經商的威利而言，我們的問題不算真問題，他認為知識必須應用於生活，商業是推動社會進步的原動力，簡言之，書店也是一門生意，想辦法營運下去是天職，走過海內外職場、已屆輕中年的威利店長踏實以為「我們無法否認身處於右派運轉的體制當中，務實地保有理想並不違和，重點在於如何讓大家認同你心裡的理想世界。」

二樓選書深化思考，站在歷史制高點，俯瞰人類文明。

一間書店打造兩層樓的閱讀馬拉松

如是想法，反映在「一間書店」的姿態是平衡與友善的溝通。關於平衡，在開店之初即已規畫區隔兩個樓層選書來達成：一樓側重廣度，二樓加重深度。一樓是讀者推開大門與書店初相遇的地方，嶄新、親民、多樣化才能引人駐足，這個店長口中的「市場區」名符其實，幾乎所有書系文類一應俱全，不知是否位處當代藝術館對面坐擁地利，設計類與繪本意外暢銷，暖系風格的繪本《夢境》一度還榮登本店暢銷冠軍，店主迎顧客所好，尊重市場需求，索性利用吧檯前方立面擺放主題清晰的質感繪本，顧客來此點杯咖啡，往正對面的復古沙發一坐，眼前群書伸手可得，這裡是大人小孩都能輕鬆享受的閱讀區，前有繪本童趣，後倚古今文學，也是我最愛的角落。

拾級走上旋轉梯，二樓的明亮裡附著一層厚重，沉甸甸的「大書」一字排開，店主在階梯盡頭的樓板上早已言明「製造人與書的邂逅」，爬梯過程宛如精巧設計的換場，運用空間轉換，製造我們與不同書籍相遇的機會，由下至上，進階閱讀。

為了避免誤解，店長費了點唇舌特此說明「閱讀有各種型態，沒有好壞高低的價值區別。」所謂分級，只是恰如我們認識世界、理解人生的旅程，先接觸外在，而後進入內在探索，逐步推

移。「一間書店」正巧有兩個樓層，得以提供主人實驗這場「閱讀的馬拉松」，每位訪客都可以加入遊戲，試試看自己能讀到哪一層，威利進一步解釋，深淺層次的意義不在書本頁數多寡或其中內蘊的思想重量，閱讀的價值在於「它能否滿足你心理上的一個點。」這個點，因人而異，他將開設書店形容為「擺渡人」，藉由這個場域協助讀者渡到自己心中理想的河岸。

不過，擺渡人的行舟方式，多少投射出自己的性格品味，「一間書店」二樓即為店主本身世界觀養成的精

店主藉選書分享世界觀，座位區提供靜心閱讀空間。

由下至上進階閱讀，巧妙轉場，製造人與書的邂逅。

華區，經常把「用系統架構來看歷史」掛在嘴上的威利店長，興味盎然為我介紹這二樓書區由左到右的布局邏輯：先從臺灣近代史開始認識自己，理解我們與日本和中國大陸密不可分的對應關係，然後深入交往日益頻繁的東南亞，再到更遠的西方歐美地區，回顧帝國殖民以及影響世界全局的大事件，例如文藝復興、啟蒙運動，如何創造如今的文明樣貌，最後回到個人主體思索生命哲學。

看到這裡，讀者千萬別被嚇到，莫忘威利店長所言：「讀書有澀味，更要有甜味。」因此，這面書牆並不全然嚴肅沉重，旅行、鐵道、圖文書穿插其間，提供體驗世界的多種方式，任君選擇，近期，為了配合書店講座活動，還彈性置放了一排強身健體的武術叢書，我在此處另外驚喜發現，原來《查拉圖斯特拉如是說》也有簡易圖文版，相對淺顯的譯文搭配精美繪圖，嗯，我們與尼采的距離似乎沒那麼遙遠了。

店長便利貼

情感與知識的載體
傳遞彼此的共鳴

這就是店長的意圖吧！製造一個與書邂逅的友善空間，深淺交錯陳列，打破閱讀高牆使人不致望而卻步。書店是知識的補給站，也是與人交流的空間，無聲的溝通除了精心選書，還有店長親筆手寫的便利貼，入口處新書區尤其密集，不時更新「by店長」的好書推薦短語，筆跡親切文字質樸，往往令人會心一笑，幾次造訪，發現便利貼張數隨開店時日越積越多，甚至摻入不少「讀者回饋」，有些顧客直接把讀書心得貼在玻璃牆面和店長留言旁，大方分享，有人則模仿大地遊戲，刻意將小紙條夾藏在書頁之間製造驚喜，但偶爾會因此弄糊塗其他消費者，以為本書內有玄機是非賣品，某次我就親眼目睹一位女性顧客小心詢問櫃檯人員「這書，能買嗎？」我心中暗自吶喊，這書不但能買，而且一定要買，你來我往傳遞的文字意味著陌生人之間的共鳴，它是知識、更是情感的載體。

後來，這位笑容甜美的女孩買單了，帶著新書和一臉滿足，快意離去。

留下memo，帶走一本書，儼然已經成為「一間書店」的特色風格，完全貼合店長的理念「不必苦口婆心勸人家讀書，還是非要賦予這件事任何特殊的意涵，我們要做的是給個契機觸動人心。」威利本身是愛書之人，然而閱讀對他而言並沒有過高陳義，從高中時期下課遊逛臺北重慶南路書街，到現在擁有自己的書店，閱讀始終是他看待世界「知其所以然」的工具之一，在個人成長中自動成形，「一間書店」也是如此，它的使命與店名同樣簡單明晰「既然是開在社區裡的書店，不妨就把它當作住家附近的一間書店。」融入街坊鄰里，延伸為人們日常周遭的一部分，「一間書店」是生活裡必要且自然的存在，未來，十間、百間書店亦然。

店長手寫的書介與閱後心得便利貼，親切分享甚至招來許多「讀者回饋」。

口罩
武漢

MANAGER'S TALK

開書店不是開創事業，是為了安居樂業。

MANAGER'S INFO

威利

從小愛閱讀的威利坦言學生時期刻意閱讀「很深的書」，是在「追求盲目的credit」，如今看當年的「自戀行為」，讓他享受閱讀帶來的成就感，著實有益身心。

MY BOOKCASE

店長私房書

MANAGER 威利

威利店長珍藏的「成年書」，歷史的啟蒙從人的故事開始，顛覆想像、重整道德價值判斷，年少的世界由此翻轉，真心分享給「願意長大的人」。

1

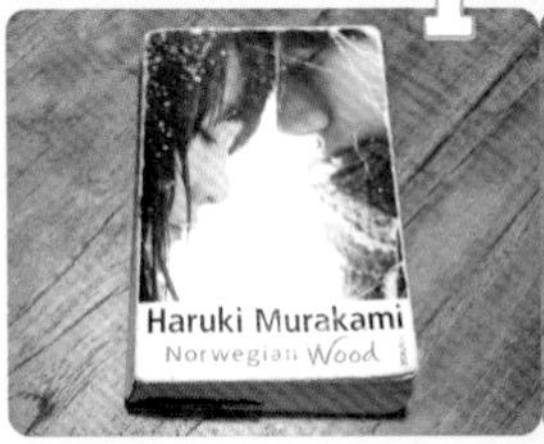

《挪威的森林》英文版
村上春樹
Vintage Publishing
2011

2

《萬曆十五年》
黃仁宇
食貨
1985

3

《獻給阿爾吉農的花束》
丹尼爾．凱斯，小知堂編譯組 譯
小知堂
1995

4

《君主論》
馬基雅維里
臺灣商務
1998

5

《牧羊少年奇幻之旅》
保羅．科爾賀，周惠玲 譯
時報出版
1997

慶齡帶走的一本書

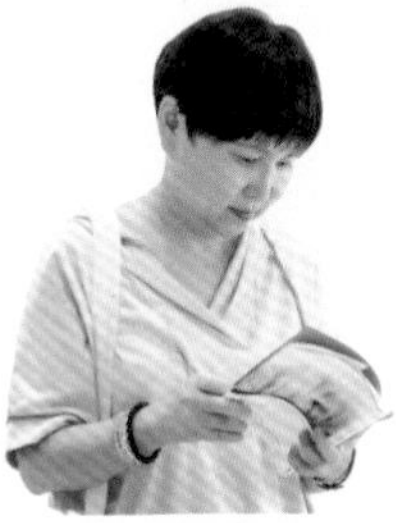

AUTHOR 慶齡

美國人觀察中國，是從人的觀點？還是上帝視角？店長強力推薦《中國三部曲》給「想要了解世界運轉道理的人」。

《甲骨文》
何偉，盧秋瑩 譯
八旗文化
2021

A BOOKSHOP TOUR OF Taiwan 06

童里繪本洋行

將插畫藝術帶入生活

DATA

Add 臺北市大安區潮州街15號1樓
Tel 02-23918676
FB 童里繪本洋行 Maison Temps-Rêves

從未想過，像我這樣一個拙於工筆之徒，竟會愛上一間繪本書店。

它是「童里繪本洋行」，位於交通便利的臺北市區潮州街，搭乘捷運從古亭站約莫步行十分鐘即可抵達，外觀走低調雅致路線，不隱蔽，但也不十分顯眼，若非出版社友人推薦指引，刻意循線造訪，依我急行軍似的行走習慣，即便路過怕也是一再粗心錯過，永遠難以登堂，嗯，這個故事告訴我們，認識出版界的朋友非常非常重要！

我這繪本門外漢初入寶山，只能用大開眼界之類的俗氣字眼略表心得，不僅開展了眼見的視界，腦中的知識疆界更被這間書店給無限拓寬了。

說來慚愧，此前，我對繪本的想像十分貧乏，圖像閱讀除了漫畫和「幾米」之外付之闕如，來到「童里繪本洋行」一如劉姥姥進大觀園，一時眼花撩亂，驚喜不斷，有聲書、立體書、隧道書與藝術插畫交融構成的多重宇宙，富含各種天馬行空的實驗創作：幾筆簡單的線條可以勾勒人生、走入祕境；繁複精細的畫工雕琢百態，只為描繪一個瞬間；成熟版童話故事３Ｄ化，紙雕技藝巧奪天工；還有，單純利用紙張的質地紋路亦能成畫，超越個人經驗值的這方繪本天地，看得友伴與我目不暇給，不由得直呼「這裡，根本是大人的新天堂樂園。」

世界繪本特展區，
不定期更換主題，
開拓讀者視野。

店內空間以白色為基調，既讓人自然沉浸閱讀，也凸顯繪本的多彩世界

「其實，繪本從來不只是童書。」氣質美女老闆小萩呼應道。

為了破除繪本等於童書的迷思，「童里繪本洋行」從空間營造到書店命名都費盡思量，店內刻意走冷調風格，空間選擇白色為基底，整體呈現沉穩安靜，小萩表明「這裡確實不是提供孩童跑動的遊樂場，太多色彩會過於活潑，我們希望大家進來可以好好看書。」老闆的小心思確實奏效，再好動的小孩進來幾分鐘後，都會不由自主靜定下來，與大人同步輕聲細語，開店以來少見失控，至於滿室純白是否可能熱力不足，則完全不在小萩的考量範圍，因為「書，已經足夠吸引人了。」

的確，「童里繪本洋行」裡的圖書繪本多彩多樣，展示品項至少三、四百之譜，題材橫跨所有年齡層，童書亦見精緻多元但只占其中一小部分，當初開店取名時，小萩極力避開可能直接聯想到「兒童」之類的字眼，不過法文「TEMPS」時光，組合後面的單字「RÊVES」夢想，直譯成中文實在過長又少了點韻味，絞盡腦汁終究還是不可免地使用了「童里」這兩個字，為「MAISON TEMPS RÊVES」時光的夢想之家做意象式翻譯，不料，一位從事法國文學翻譯的朋友居然對這中文名稱大表讚許，為她註解「童里」同音異字「同理」，代表人人皆可來此平等閱讀，文學譯者的辭彙詮釋能力，連原創者小萩都自嘆弗如，回首來時路，她由衷感謝諸如此類來自周遭人的鼓勵加持，給予她創業之初重要的支撐力量。

選用加裝滾輪的展示平臺，便於更換展示主題，空間運用也更具彈性。

童里招牌有低調的美感，繪本世界夢想跨閱時空。

教人大開眼界的繪本書店，老闆小萩樂於分享所有知識。

一手打造「童里繪本洋行」的小萩，愛書懂畫，極具美術天分，卻在僵化的教育體制下，因升學而中斷童年的畫家夢，成年後，她轉向「與書有關的工作」追尋前程，業界資歷超過二十年，大學念法文的她從最初的「信鴿法國書店」起步，歷經十多年終於創設夢想中的繪本書店，稱得上一路學以致用。當年初出茅廬，追隨法國老闆從零開始在臺北建立一家全法文的冷門書店，她白天上班，晚上進修，從經營財管學到行銷設計，無課不修，那段她回憶中「沒日沒夜、堅苦卓絕」的奮鬥歲月，為今天的「童里繪本洋行」奠定扎實基礎，除了完備經營書店的相關知識，實務上，穿梭兩種不同語言文化所鍛鍊出的「轉譯」工夫更形重要，採購下單應對國外廠商，行銷販售面對國內讀者，書店扮演嫁接兩者的橋樑，選書、溝通、引介樣樣都得在行，尤其法文在臺灣並非主流外語，如何正確簡短地為讀者提綱挈領、傳遞精要，是小萩書店生涯著力最深也最感興味的「通關任務」。

還真多虧了這位老闆樂在其中用功營營，讓我們今日坐享果實纍纍，來到這家滿是「看不懂的外文」書店，有她在，毋須擔憂，每一本書皆附有中文翻譯與短文介紹，一頁薄紙瞬間拉近我們與陌生外文的距離，儘管高明的繪圖往往內蘊高深，無字也能訴說千言萬語，但小萩認為「主題書店裡，每本

除了繪本，部分書中畫作，店內亦有展示販售。

書都是重點，必須好好照顧，讓讀者更加理解。」可別小看這幾行短句，為了讓讀者得以圖文並進深諳書中奧義，老闆除了字斟句酌力求譯文流暢優美，還得時時做功課查找資料補充觀點，看似短短一句話，背後可能是譯者泡在文化史料堆裡深耕良久的勞苦血汗，小萩自嘲「以前念書都沒這麼認真。」雖然耗時費神，但這份用心，讀者看得見，第一次造訪「童里繪本洋行」，就是這幾行精心淬鍊的書籍介紹令我感動受用，從而入坑無法自拔。

手工繪本貴其藝術性與珍稀性，有著科技無法取代的古典價值

說來有點瘋狂，我們出入「童里繪本洋行」至今，從未空手而歸，有人甚至連牆上幾幅畫作也一併收購，不過，比起書店的VVIP，我們這群剁手客充其量不過是小菜一碟，真正的大戶根本等不及新書上架，線上接獲書訊隨即豪爽埋單，深怕稍有遲疑，限量繪本就此擦身而過，這部分引發我強烈好奇，秒殺圖書究竟是什麼樣的概念？

根據小萩解說，收藏繪本書不外乎藝術性與稀有性兩大要素，以她自己珍藏的法國手工書《桃太郎》（*MOMOTARO*）為例，全球只發行一一〇本，別說為書店採購，連個人收藏都求之不可得，她曾經上窮碧落下黃泉遍尋不著，直到某年

赴巴黎參加書展，意外發現一家藝廊老闆收有兩本，經她百般央求，對方才釋出其中一本，讓她欣喜若狂愛不釋手。我們小心翼翼翻著這本珍貴的唯一藏品，看不懂門道還是嘆為觀止，變成法文繪本的桃太郎故事，運用色調疊印，以三款基本色疊出十多種顏色，明亮鮮豔線條俐落，金色的桃太郎和人物剪影將民間傳說寫實抽象化，前所未見的法式桃太郎著實令人驚豔。不過，它之所以稀罕還在於，這是本百分之百純手工製作的書，絹印、裁切、黏貼、裝幀，每一步驟都由兩位作者親力親為手動完成，無怪乎只能少量發行，二十一世紀的今天，秉持職人精神手工做書，我在「童里繪本洋行」收穫了

《愛情遊戲》是成人的繪本，打開小方格，內藏限制級情節。

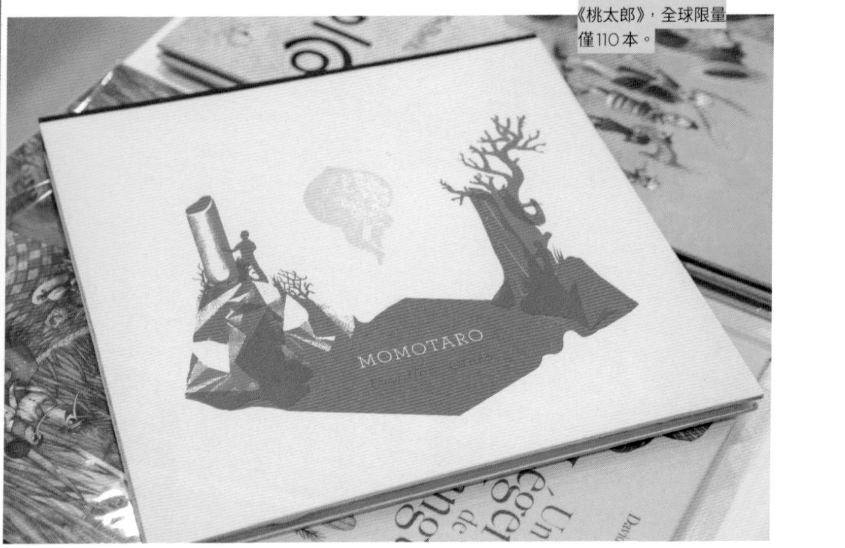

全手工製作的法文版《桃太郎》，全球限量僅110本。

科技無法取代的古典價值。

由於「手工繪本」數量有限，即使內行如小秋，也不可能大批進貨，不過長年累積的經驗、人脈與好眼光，這些年，讓她眼明手快搶到了不少優質佳作，常客信任她的專業與品味，還會不時問道「這本是不是限量？有沒有增值空間？」挑動得我們也躍躍欲試，不藏私，我就坦承吧！趁著店內主推「韓國藝術家書」，我也出手購得一本實驗性質濃厚的限量書，本人分明沒啥藝術細胞，但這本有圖無文的繪本卻讓我看得笑中帶淚，作者以濃烈色彩幽默表達現代人馬不停蹄的庸碌生活，《上班族的一天》以各種運動項目對應日常行動，起床瞬間是準備起跑的姿勢，上班趕公

車以衝浪加速，進入公司擠電梯靠滑壘SAFE，與同事互動如打拳擊，歷經馬拉松的一天，收工前夕的辦公室已經淪為生存遊戲戰場，下班回家衝捷運還得具備美式足球員的速度肌力，疲累到午夜睡前時分，只能戴著護頸在床上打坐冥想安定身心。是否覺得，這正是你的生活寫照呢？

「童里繪本洋行」裡有太多讓人會心一笑或引爆淚腺的圖像創意，無論是否為限量發行，店主鍾愛的多是能夠觸發人生思考的內容，她所推薦的《愛情的遊戲》（*Jeux t'aime*）也堪稱一絕，所有能想像到關於愛情的語彙、圖騰，或直觀或隱喻，具足於人體全身上下，而戀愛的過程就像翻山越嶺，

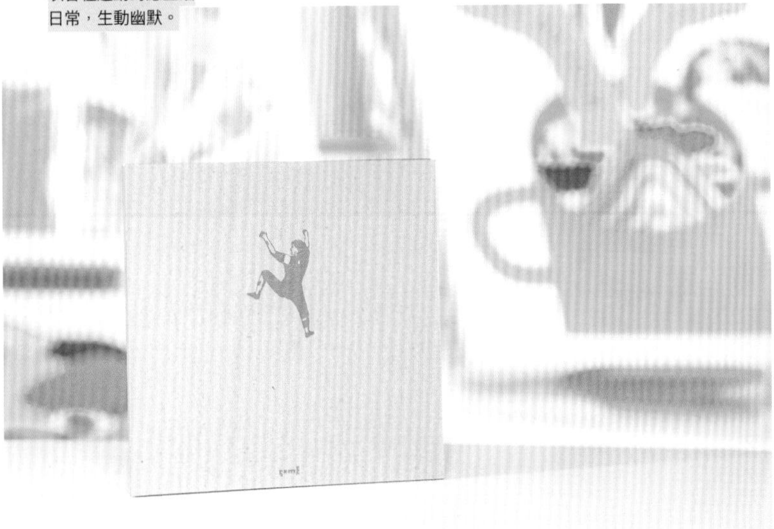
《上班族的一天》
以各種運動對應生活
日常，生動幽默。

有時坦途有時崎嶇，走過愛情地圖，最後以各種語言的「我愛你」做結，象徵這句浪漫全世界共通，一本畫冊頌揚愛情同時揶揄愛情裡的人性，深刻高明得令人嘆服，講到這裡還沒完喔，這愛情繪本既然是畫給大人看的，那麼，自然免不了成人情節，作者透過立體書手法，將那些讓人臉紅心跳的限制級內容暗藏其中，觀者必須湊近書頁，像是看萬花筒般地「偷窺」，才能發現內有玄機，巧妙設計傳達愛情世界的靈與慾，淋漓盡致。

大家不要擔心，帶著孩子來書店可能不慎看到不該看的東西，老闆是個書店陳列高手，何者該顯、何者該藏，她都了然於胸，尤其，這是一間沒有標示牌又充斥

各類語種的書店，主人「無形傳遞」的功力更得高人一等，小萩很擅長用書說故事，即使看不懂法文、西班牙文、義大利文，也能意會她的排列邏輯，並且她招式無窮，溝通手法經常在變，配合每個月新書到貨以及主題特展與講座活動，書店時不時就來個大風吹，「改頭換面」得相當頻繁，自知愛變化的小萩，當初非常有遠見地全部採用滾輪貨架，方便挪移，雖然她謙稱此舉是「預算不高」有限條件下的便宜巧門，但每次調整也讓她練出嶄新的閱讀觀點，真心以為，書店這場域，表面空間不大，裡面的學問可是無境無涯啊！

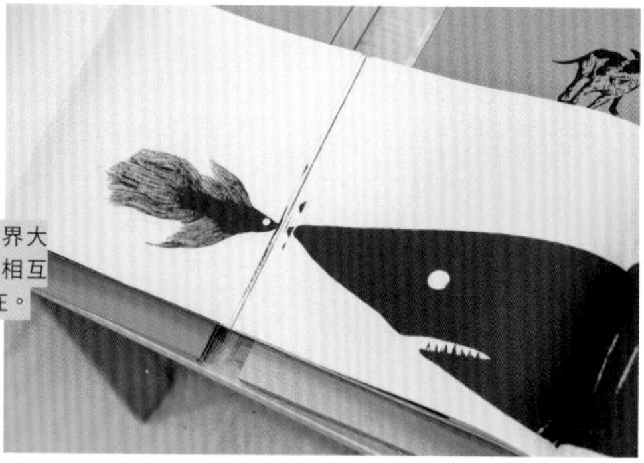

雙開圖書表達世界大同，生物嘴對嘴相互親吻，愛無所不在。

法國繪本天后的兔子二部曲，以全書紙雕，魔幻訴說戀人絮語。

藉由變換主題展延伸書店觸角外，定期舉辦講座與顧客一起探索繪本世界的穹頂

我所見過有心的書店主人，幾乎都很用功，越接近知識，越惶恐無知，小萩自然也不例外，即使已經是我們眼中的繪本專家，但她汲取新知的積極認真始終如一，從前為人打工如此，現在經營自己的書店更是戰戰兢兢，「童里繪本洋行」的書九成購自國外，沒有所謂退書這回事，意即全部買斷，強大的成本壓力，迫使她在下單採購前必須做足功課，不但平素就要廣泛涉獵，勤跑各大國際書展，隨時關注畫家動向與最新創作，面對心儀的作品，也需要惦量自己是否具備向市場推銷的詮釋能力。對小萩而言，自我評量並綜觀全局是她身為書店經營者的絕對要務，因為一旦下好離手就意味著「每本書都要賣得掉。」她自我解嘲地說「下單很爽，拆箱很樂，但是接下來的日子就很餓了。」談笑間，道盡獨立經營一間主題書店的辛苦。

或許因為沒有後路可退，小萩習慣一路往前衝，為了接觸一家新的出版社或作者，她可以鍥而不捨寫二、三十封郵件給對方，石沉大海，沒關係，行走江湖總有

一天遇得上，「見面三分情」的道理通行全球，再怎麼冷漠的對象，一旦在國際場合經過一番寒暄交流，證明自己並非詐騙集團，接下來一切都好談。持續開發新路線的同時，小萩也藉由變換主題特展，延伸書店觸角，我曾在此見到難得的「比利時繪本展」，認識了丁丁與藍色小精靈以外的比利時插畫；「Kiss展」則讓我訝異於表達愛與尊重，只要一本極簡畫風的雙開書，組合左右兩側不同的生物互相親吻，就天下太平世界大同了，郝明義在《越讀者》書中寫道「有時候，最好的方法不是閱讀文字而是圖像閱讀。」在這繪本天地，我確實受教了。

圖像閱讀直觀單純，但經由學習可以精進，「童里繪本洋行」除了每個月舉辦講座，每年度還有兩場專業的固定重頭戲，上半年邀請楊馥如老師講授義大利藝術史，從神話學與歷史文化脈絡理解當地美學；下半年還會請來小萩口中「無限容量的硬碟」藍劍虹老師分享全世界的繪本知識，書店服務利人利己，每回，老闆自己都聽得如癡如醉，醍醐灌頂，內功越見深厚。

在我看來，小萩與她熱愛的作者群其實頗為相似，都具有不斷突破自我的明顯特質，前述的法國《桃太郎》是一例，再誘人的重金都無法使一一〇本限量加一，創作者只著眼下一本如何提升更高；而我們共同喜愛的法國繪本天后海貝卡．朵特梅（Rebecca Dautremer）更是挑戰巔峰的箇中翹楚，她筆下的兔子主角從細膩的平面繪圖勾描一生，隔年進階為紙雕幻術，兩百多頁的隧道書前後連貫張張精采，宛如完整電影分鏡，每一頁鏤空的細膩鏤雕都是精密藝術，沒想到，兔子第三回合竟然還能再超越，變成風琴式的巨幅畫作，描繪小鎮上一百個人物在一秒瞬間各異其趣的神情、動作，而且畫中每個角色都有編號，每個生命都有故事，答案就在與繪本成套的小冊子裡。

很不可思議吧！然而，天后至此登峰造極了嗎？不曉得，也許來年，我們會在精益求精的「童里繪本洋行」跟隨神來之筆繼續攀登，打開繪本世界的穹頂，見識到只應天上才有的仙境絕景。

OWNER'S TALK

繪本書店創造一種書籍的閱讀價值，
讓人看到書還有其他面向，
繪本必須獨立存在。

OWNER'S INFO

小萩

從「信鴿法國書店」起步，至今已有超過20年「與書有關的工作」資歷，擅長用書說故事，即使客人看不懂法文、西班牙文、義大利文，也能意會她的表達邏輯。

MY BOOKCASE

店主私房書

主人小萩珍藏的傳家繪本，藝術打破文化隔閡，桃太郎可以很法國；愛情是人類共同語言；同一瞬間的每個生命皆有不同珍貴。

OWNER 小萩

1

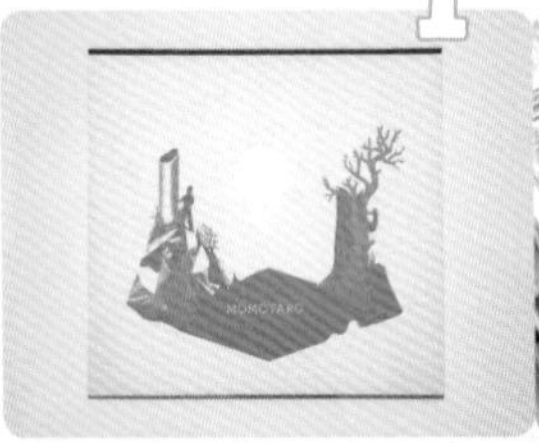

《桃太郎》

（***MOMOTARO***）

Raphael Urwiller、
Mayumi Otero
Icinori
2013

2

《愛情的遊戲》

（***Jeux t'aime***）

Carole Appert
Editions Tana
2009

3

《這一瞬間》

（***Une toute petite seconde***）

Rébecca Dautremer
Edition Gautier Languereau
2021

慶齡帶走的一本書

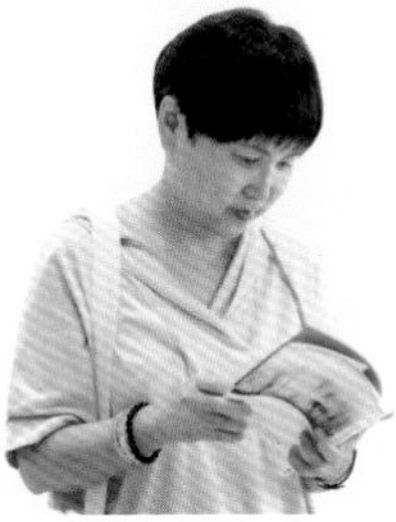

AUTHOR 慶齡

庸庸碌碌的現代人，每天活得宛如競賽，幾頁幽默圖像用體育競技對應日常動作，發噱同時也莫名感到淡淡哀傷。

《上班族的一天》

（***Good day***）

Minji Park
Somebooks
2019

晴耕雨讀小書院

晴天耕作雨天讀書的田間小書院

DATA

Add 桃園市龍潭區福龍路二段169巷181弄30衖90號
Tel 03-4802377
FB 晴耕雨讀小書院

「晴耕雨讀小書院」與我有著奇妙的緣分！《名人書房》節目幾度造訪，是我私心最愛的外景地之一，它同時是我前本作品《秋葉落下之前》新書宣傳片裡詢問度超高的迷人背景，還有一點很特別，它是唯一讓我迷路三次的書店。

為了以正視聽，先特此聲明，我非路癡喔！鄉間小路實在曲折難辨，不只我們團隊裡的老司機，據說各路人馬都曾被考倒，連谷歌大神有時也不太管用，而附近民家似乎早就習慣遭陌生人誤闖誤認，淡定地為我們這群冒失鬼指點迷津，「書店不是這裡啦，開回去大馬路右轉，差不多一公里後會看到左轉標示，開進去照路標走

就好。」鬧笑話的迷路經驗讓我們意外見識到「小書院」在這方圓數公里內，名氣原來大得很哪！

雖然每回前來都不免彎彎繞繞，但我相信只要造訪過此地的讀者，應該多與我同感「幸好沒放棄，值得！」不用刻意，沒有造作，「晴耕雨讀小書院」融於田野，彷彿天然的一份子，「結廬在人境，而無車馬喧。」陶淵明的田園意境當如此景吧！運氣好，挑對時節來的話，風吹稻浪遍地油綠，與紅瓦磚牆的小書院相映成趣，質樸純粹，唯美如畫，難怪內行顧客懂得事先打電話詢問店家「稻子黃了沒？什麼時候插秧？」

軟體工程師從設計圖、木工，一點一滴將舊農舍改頭換面成雅致書店

事實上，民國七〇年之前，這磚造平房是男主人建富家的豬圈，後來農家不養豬了，改為堆放農具雜物的農舍，從前阿公捨不得丟棄舊物件，留了滿滿一屋子狀似無用的「收藏」，反倒給了小夫妻回家開書店取之不盡的裝潢材料，如今眼前所見，除了天花板和外牆，「小書院」裡的書架、桌椅和所有木作裝飾，全是廢物利用由建富DIY一手包辦完成，就連當初空間改造的設計圖也是他親自繪製，軟體工程師做起室內設計師兼木工，高度專業有模有樣，歷經兩年辛苦勞作，終於將舊農舍改頭換面成雅致書店，女主人毓穗特地將期間點滴寫入《開一間小書店第六年》書中，圖文並茂為自己的生命軌跡留下見證，同時分享給未來的有志同好作為參考！

田野間的小書院，樸實卻雅致，來對季節可看到金黃稻浪。

建富和毓穗就是這麼巧妙地分工共同打理著「晴耕雨讀小書院」，我們打趣註解「太太管書，先生管書架。」主人也大笑稱是。毓穗愛書、愛自然，「晴天耕作雨天讀書」一直是她退休生活的終極理想，女兒出生後，為了陪孩子成長，兼顧工作與家庭，他們回到桃園老家，就近租下一個合適空間實驗夢想，「我們給自己三年時間，萬一失敗，再回去上班也沒關係，但是如果現在不做，將來也許會後悔。」建富鼓勵太太提早圓夢，自己則擔任起神隊友，以書為師，自學木工，略具基礎後才到「懷德居」正式學藝。五年後，書店略有小成，原址卻無法續租，長輩見他們一路「玩真的」，於是同意「小書院」搬回自家閒置農舍繼續經營，帶著前面五年累積的功夫、歷練、客群，「晴耕雨讀小書院」二〇二〇年回歸家園重新開張，堂堂邁入第三個三年。

靜謐閱讀區一隅，自然光照明，遠眺綠野一望無際。

老家農舍物盡其用，小巧思精心布置，角落也有亮點。

嚴守初心才是王道！以誠懇風格把常客變朋友，確診隔離期，送藥、送菜的所在多有

一切發展看似水到渠成，然而，「小書院」的起步其實走得蹣跚，愛書與賣書攤在現實面上，完全是兩碼事，外行人初入此門，著實吃了點不懂行規的悶虧，鄉間書店又門可羅雀，大半年「等嘸人」，小倆口正發愁能否撐過三年期限時，客人不來，記者來了，桃園地方藝文版全版報導見報的隔天，書店突然盛況空前，門口車輛川流不息，強大的媒體效應，使得這家「有草、有樹、有田的鄉間小書院」一時間在地方上聲名大噪，連當時的房東都感到詫異。

當幸運來敲門，夫妻倆雖然欣喜卻未被沖昏頭，他們心中雪亮「風潮只是暫時，並非本質。」事實證明，嚴守初心才是王道。一窩蜂熱潮過後，喜歡「小書院」誠懇風格的讀者依舊黏著，不但隨主人轉移陣地到現址，繼續當「晴耕雨讀小書院」的VIP，甚至部分常客變成朋友，還為書店貢獻所長，整修新址之時，建築師背景的客人不吝給予建議、提點一二，至於店內非常吸睛的兩幅書法「晴天耕作雨天讀書」和「晴耕雨讀」，則都出自一位畢業於中國美術學院書法研究所的老顧客之手，就連店主確診隔離時，也有熱心人寄來快篩、藥品，甚至親自上門送藥、送菜，「用書交朋友」非但不

小書店無心插柳賣起選物，自家用品意外上架熱賣。

是夢，而且落實得比想像更加美好。

毓穗始終明白，書店的本體是書，環境好、人情濃都是附加價值，她希望客人遠道而來，更在意的是觀念、想法的交流對話，為此，她耗費極大心神選書、擺書，透過空間配置，引導讀者感受主人意欲傳達的理念與價值，她的選書原則直接明瞭，就是「自己喜歡的。」每當來客與她對上頻率產生共鳴，便覺受到莫大鼓舞「他懂我，好感動。」談起書，毓穗總是眼神放光，情緒高昂，她是不折不扣真文青，熱愛文學、關心自然、重視生活，可想而知，主人的偏好形塑了書架上的風貌，不過開店做生意，要懂得平衡現實，同理讀者，於是她索性「順勢而為」依照農舍原有格局，將「小書院」隔出三大書區。

直面讀者的第一大區塊以新書和生活風格為主，強調新知識流動，同時傳達店主本身對新近議題的關注，我的認真玩笑話「進門只要繞一圈新書區這張大桌子，就知道老闆最近在想什麼。」頗受贊同，例如最近一次拜訪，從《起床後的黃金一小時》和《原子時間》便能看出店休也不得閒的女主人，對於有效運用時間的迫切感，另外，我們共同喜愛的《最後一次相遇，我們只談喜悅》配合紀錄片上映與店內講座，醒目置中，達賴喇嘛與屠圖大主教關於生命哲學的對談，又是另一個可以聊上半天的心靈話題了。

倘若來者有心，願意繼續探索這座知識密林，左轉進入第二個書區，文學花園就在眼前，這般形容絕非誇飾，連接舍房前後的長方形空間，長寬俱足，大面積得以廣納古今中外文學典籍，臺灣、華文文學擺在近入口一側，語言文化相對親切，較遠一側則是各國翻譯文學與歷史哲學，兩側中間還足夠置放一個立面推薦書區，「小書院」容量真是一點也不小。這裡也是我最喜歡久待的區域，內有書香、外有花香，坐在窗臺邊那排個人座，女主人巧手打理的庭園美景盡收眼底，窗外綠草如茵花木扶疏，舒心悅目極了。

穿過文學區再深入後方，即是寬闊的二手書加用餐

男主人逐字刻出吳晟田園詩，意象搭配恰到好處。

老傢俬新生命，老木桌陳列商品，舊窗框變身明信片展示架超吸睛。

區，閒坐書店中，悠然見田野，搭配牆面詩人吳晟的田園詩，恰到好處，架上琳瑯滿目的二手書可販售亦能免費借閱，這裡也提供上好的咖啡、茶飲，以及健康美味的沙拉輕食，不過店家有個堅持，新書必須先到櫃檯結帳方能帶入此區用餐或飲料，主人愛書惜書，將心比心，訂下簡易的消費規則，確保新書能完好無損交到買家手中，以示尊重，而農舍原本前後有別的隔間，剛好用以劃分新書與二手書區，來客清楚、店家省心，「順勢而為」得非常巧妙。

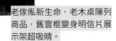

老書桌、古窗櫺，
一屋子老舊傢俬，
非但不陳腐，還滿室馨香，
連聽雨軒都值得一探

不只空間順勢極致運用，老家所有物件在「晴耕雨讀小書院」裡幾乎都能重獲新生，古早的門窗、玻璃既能發揮本色繼續沿用，也能改裝成層板吊架用來展示選物和明信片，而當年阿嬤的嫁妝老書桌，現在成了店內的文具商品陳列處。主人機巧伶俐還不僅於此，活用小時候吃飯的木質餐桌，擺放飲食類書籍和醬料選物，古今民生大事都在這兒了！至於我個人最感欽佩的創意，則是牆面上的乾燥花架，居然……是由舊床架變形而成的裝飾品，大開眼界之餘，我們由衷讚嘆，只要肯花心思動手做，這世上還真沒什麼東西叫「廢物」啊！

可別以為一屋子老舊傢俬，恐怕散發陳腐氣息，恰恰相反！「晴耕雨讀小書院」是出了名的窗明几淨，滿室馨香，曾有熟客帶朋友前來，不斷鼓吹友人「你一定要去上廁所！」笑壞眾人，來客發言充分表達對老闆「潔癖」的極度肯定。環境反映主人習性，毓穗裡外一致，無論是開書店的初心，或者對待書本與環境的用心，都純粹乾淨，連店裡的餐食、飲品也精挑細選有機食材，「自己吃的，才敢端給客人吃。」其實，毓穗從未想過，開書店還得忙活廚房裡的事，話說從頭，此事又是「順勢而為」的趣談一樁。

由於田間「小書院」遠離市囂，讀者看書看到餓了卻無處覓食，便群起央求老闆供餐，毓穗只得把自家營養早餐變化成輕食讓客人充飢，熟客們好品味，一吃便知優劣，於是加碼詢問盤中食材各自來處，就這樣，原為自家享用的油醋醬、拌麵醬等，應客人要求紛紛上架販售，本來是被動的服務卻意外為書店增加營業額，店家顧客皆大歡喜。不瞞各位說，我們「名人書房」團隊第一次到此錄完節目後，午餐美味滷頰留香久久不散，乾脆一口氣掃光貨架滿載而歸，教老闆也瞠目結舌。

後來幾次回訪，除了書，戰利品自然少不了這些瓶瓶罐罐，滋養心靈順道飽足肚腹，同時我們也驚喜發現，小小貨架越來越充實，以「晴耕雨讀」為名的文創商品鄭重標示著「小書院」已逐漸穩固根基，我買的銅製小書籤以老屋窗花為設計元

應客人的要求提供輕食，自製鹹派茶點走健康路線。

素，書店意象巧妙融入臺灣尋常百姓家的生活之美，精緻又富涵人文底蘊，不過，我心中最能代表「晴耕雨讀小書院」精神的，仍非《開一間小書店》系列書莫屬。

「買那麼多書，是要開書店喔？」長輩的甜蜜詛咒，就這樣第一年、第二年、第三年……綿延不絕

到最近一次拜訪為止，書架上已經排列至《開一間小書店第七年》了，新書《開一間小書店第八年》正躺在印刷廠即將出版，當初決定形諸文字訴說書店生活，毓穗只想著「萬一真的只能開三年，至少要把它記錄下來，證明自己曾經活過。」

因此，書名直觀取為《開一間小書店》，沒想到，主人家以為「粗糙」的一本心得，卻引發不少讀者共鳴，鼓勵她第二年繼續寫，從未料到竟然還會有續集，一時苦思不得新書名，男主人建富靈光乍現「那就後面直接加個第二年吧！以後也不用傷腦筋，第三、第四年一直延續下去。」如今，書店來到第三個三年，小書也隨之演進愈發精美厚實，成為獨家特色。

聽聞出版緣由，我們不禁豎起大拇指讚許男主人為最佳助攻，建設性言行總來得正是時候，平常坐在店門口第一張座椅上寫程式的他，一旦發現店內人多，太太忙得不可開交，便會主動補位招呼客人，理工男建富有顆

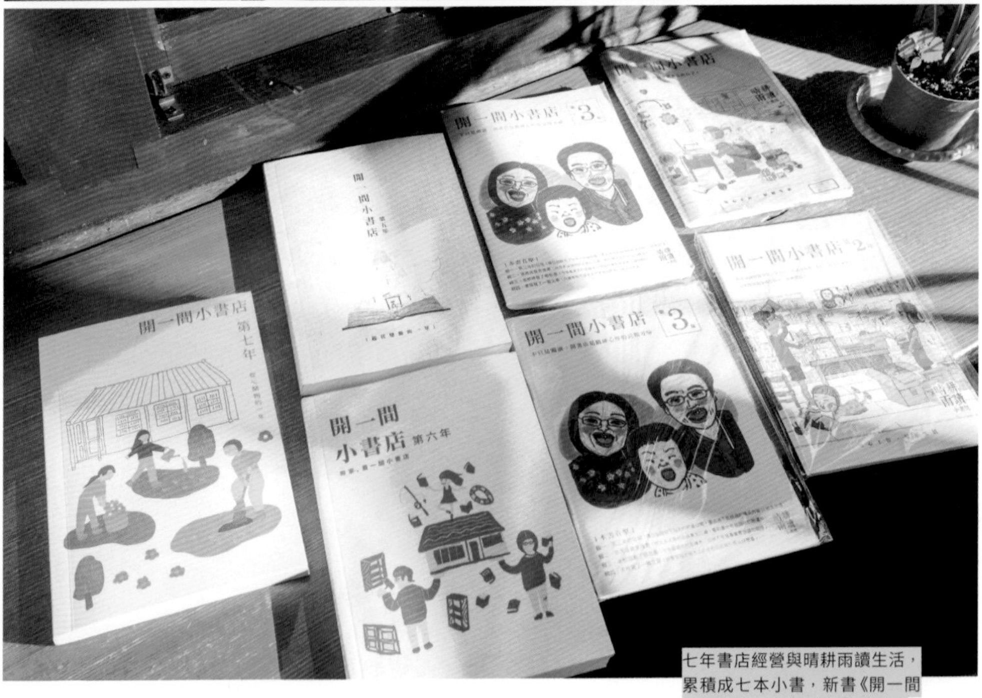

七年書店經營與晴耕雨讀生活，累積成七本小書，新書《開一間小書店第八年》緊接著要加入。

熱情又耐磨的心，在店內與人互動完全符合他的性格特質，在他的服務事件簿裡，最值得大書特書的是一場「溫馨接送記」。當日，一位長期追蹤臉書的粉絲終於決定動身前往「小書院」，搭乘大眾運輸交通工具，結果比我們迷路得還徹底，沿途不斷打電話詢問店家，在接聽數十通來電後，建富索性請對方原地等候出門載客，「書店Uber」前所未聞，面對我們的大驚小怪，他單純且真誠地表示「我們只是一家小書店，何德何能讓人家看三年臉書，還一路辛苦轉車特地過來，當然應該心懷感激，珍惜客人。」

這份誠意適足以說明，為什麼位處偏遠的「晴耕雨讀小書院」總是來客不絕。好書不寂寞，好人也一樣，更何況，老闆可是活用書中知識在經營書店、認真生活。除了文學，毓穗特別喜愛描寫日常看似清淡卻飽含哲理的書，在字裡行間找到生活的力量，為小書院增添新意；擅長人際交流的建富則偏好心理勵志，高中暑期作業讀《總裁獅子心》，嚴長壽的人生故事鼓舞、啟發他對未來的想像，從而對商管類書籍也產生興趣，引來太太玩笑調侃「我們只是一家兩人小書店，不知道他幹嘛研究到彼得杜拉克？要管理什麼？《經營者的責任》看得很認真咧！」笑鬧間，我倒真的相信，以建富屢出奇招的過往功績來看，說不準未來哪一天，管理學大師的理論真就派上用場了。

現在的「晴耕雨讀小書院」誠然謹守著「小」原則，並非欠缺遠大志向，而是量力不貪求，他們婉拒了外界展店邀請，在自己的天地實踐客家祖訓「晴天耕作，雨天讀書。」這一對愛書人，思維一向超越世俗，想想，誰會把「書店環島」當蜜月旅行主題呢？而且，頭一回載了滿車廂書冊回家仍意猶未盡，第二年再走一趟，當年長輩教訓「買那麼多書，是要開書店喔？」果真一語成讖。

樂觀期待《開一間小書店》恆長恆久記錄下去！

除了出書，小書院也有自己的週邊商品，這個購書袋頗受歡迎。

OWNER'S TALK

透過閱讀，安定身心；
透過書店，把幸福分享出去。

OWNER'S INFO

毓穗與建富

「太太管書，先生管書架！」愛書、愛自然的夫妻二人，為了陪伴子女成長，回到龍潭老家，並在長輩的支持下開起書店，提前實現了「晴天耕作雨天讀書」的理想生活。

MY BOOKCASE

OWNER **洪毓穗**

1 《正念飲食》，珍．裘森．貝斯，王瑞徽 譯，時報文化，2019
2 《來自大海的禮物》，林白夫人，唐清蓉、林燕玲 譯，遠流，2012
3 《我想學會生活》，蔡穎卿，遠流，2012
4 《365日》，渡邊有子，賴郁婷 譯，合作社出版，2016
5 《積存時間的生活》，津端修一、端英子，李毓昭 譯，太雅，2016

店主私房書

每本書，都是毓穗的生活哲學與嚮往，看看別人怎麼做，在混亂中找到安定自己的方式。

OWNER **曾建富**

1 《生命是長期而持續的累積》，彭明輝，聯經，2012
2 《和尚賣了法拉利》，羅賓．夏瑪，謝凱蒂 譯，天下文化，2007
3 《世上最差勁的佛教徒》，瑪莉．派佛，江麗美 譯，心靈工坊，2010
4 《生命，才是最值得去的地方》，黃錦敦，張老師文化，2014

店主私房書

相對於虛構的故事，建富更偏好真實的敘述，剖析生命歷程，發掘意識，從書中探索自己。

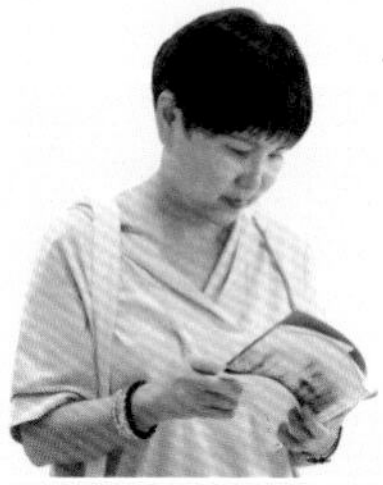

AUTHOR **慶齡**

慶齡帶走的一本書

「晴耕雨讀小書院」搬回老家，歸零再出發，女主人認真分享「從心開始的一年」。

《開一間小書店第七年》
洪毓穗
晴耕雨讀小書院
2020

「或者」系列書店

竹北最美的人文風景，
提供多元、豐富的
閱讀選擇

DATA｜或者書店
Add 新竹縣竹北市文興路一段123號（新瓦屋客家文化保存區）
Tel 03-5505069
FB 或者 OR

DATA｜或者文史書房
Add 新竹市東區大同路108號（新竹舊城都市再生基地）
Tel 03-5251082
FB 或者文史書房

DATA｜或者光盒子
Add 新竹市東區中正路65號（新竹市影像博物館）
Tel 03-5285840
FB 或者光盒子 OR LIGHTBOX

被譽為全球最美書店之一的代官山「蔦屋書店」，近年已然成為當地最具指標性的必訪景點，旅人絡繹不絕前往朝聖。二〇一五年，來自臺灣的科技人Ben也是眾遊客之一，那趟旅程之於他，原本只是主題外的順道一遊，沒想到竟順勢遊出了他與書店的不解之緣，一時的迷途插曲日後被他彈成了人生主調，臺灣也因而誕生出一家受到國際認可的獨立書店「或者」。

回想當時，Ben仍記憶深刻、歷歷在目，一行人在代官山找不著「蔦屋書店」的正確方位，想求助路人卻不諳日語，於是使出簡單的英文一字訣「bookstore」試著溝通，結果關鍵字出奇奏效，當地人一聽，馬上心領神會，隨即自豪地為臺灣來的朋友熱心引路。

尋找「蔦屋」書店 意外擦碰出新竹文化地標——或者書店

「讓在地人驕傲，旅行者憧憬。」談起代官山「蔦屋」觸發的書店機緣，Ben依舊止不住心緒澎湃，在那樣一個標榜物質文化的高級地段，一家書店何以上綱為鄰里間與有榮焉的存在，外地人專程尋訪的目標，他為此深受震撼且欣羨不已，當下，一股有為者亦若是的使命感油然生起，時隔年餘，悸動化為行動，Ben回到家鄉新竹催生出「或者書店」，短短幾年，這家坐落於竹北新瓦屋客家文化保存區的特色書店，不但切實做到了令新竹人引以為榮，旅行者不遠千里而來，二〇二二年更躍上國際，獲得耶魯大學出版社評選為全球獨立書店推薦名單。

作為臺灣首家獲選書店，「或者」憑藉的不只是網傳「竹北最美的人文風景」，它受到全美最具規模的大學出版社垂青，還在於「提供讀者在主流意識之外，更多元、豐富的一百種選擇。」如是評註，完全切中Ben初始設定的核心理念，也十足吻合了這幾年來我和工作夥伴們出入書店的觀察感受。

與「或者書店」初相遇，源起於《名人書房》節目走讀臺灣的「走書房」單元，製作團隊正是從臺北遠道而來的慕名者之一，我們好

親子閱讀區人氣高，活動隔間可彈性運用，舉辦講座。

《小王子》是主人Ben的愛書之一，各種版本大集合，巧用為最佳裝飾。

空間設計多樣化，每個閱覽區燈光照明都有講究。

奇：古色古香的新瓦屋園區內，何以矗立著這麼一棟新穎明亮的美麗書店？它醒目光彩，卻與環境周邊的傳統建築毫無違和，甚至以其反差，加倍映照出左鄰右舍的古樸氣息，第一眼，我們便集體愛上了它。

倘若不知前世，光憑現今的樣貌，很難想像這幢看似嶄新的兩層樓建物其實已是年過六旬的花甲老屋了，它原是隸屬文化局的舊辦公室，園區轉型活化空間，民間創意才得以在此揮灑，無論全觀大局或是著眼小處，搖身回春的原址內外盡皆流露奇巧用心，妥善考量每個閱覽區域的燈光照明，體貼地大手筆設置無障礙升降電梯，採用開放隔間彈性活用空間，連門口的招牌都在美感之下暗藏玄機，至於那神祕機關到底是什麼？嗯，且容我留個懸念，邀請你親自前來一探究竟，提示：仰頭便知。

翻修老屋對於設計者來說雖富趣味，但更具挑戰，在無法更動舊官署結構主體的前提下，「或者」做了大膽嘗試，將舊有的實心牆更換成大面積落地玻璃，無限延伸了前有草坪後有稻田的地利景觀，這部分也是最吸引我的環境特色，來到「或者」，我特別喜歡坐在前門邊角貼近玻璃窗那張皮製靠背單椅上，獨享閱讀尊榮，左擁綠意右抱群書，暖陽和風無所不在，這道地的風城元素在規畫之初，就是店主念茲在茲的天然要角，對於久居都市的我，濃翠綠地、陽光清

書店設計恢弘又細膩，連門口招牌都暗藏巧思。

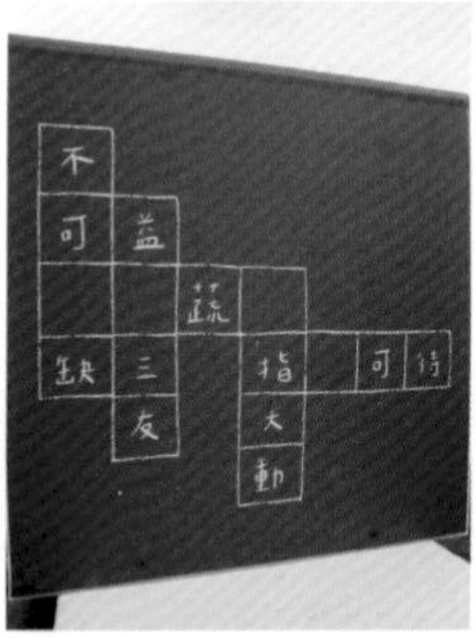

新瓦屋客家文化保存區，既有歷史人文也有自然綠意。

風交會於一方書香天地，宛如精心安排的大自然贈禮，珍貴無比。

我相信，只要願意走進「或者書店」，每個人都極有機會覓得一處安放身心的角落，同事笑稱，這裡是個適合同樂又能搞自閉的好所在，說來倒也不算浮誇，書店名為「或者」，明白主張每位顧客到此都能標舉自己的個性，「或」意味各種可能、需求，「者」是形形色色的人，以人為核心，因此極其注重閱覽體驗，「或者」是我所見過空間設計最多樣化的書店，既能滿足日照控如我者，埋首閱讀抬頭觀覽的需求，也能呼應友伴安靜獨處的渴望，精心設置在書架間隙的個人閱覽室，堪稱書店裡最熱門也最僻靜的「祕密

基地」，除了座椅、景窗，配備在牆上的音響、耳機最是別緻貼心，提供隱身在此的讀者，一段與自我相處、沉浸樂音與書香的靜謐時光。

至於一手打造這座黃金屋的魔法師Ben，則私心偏好位於書店中後方的和室區，擺脫雙腳束縛，一頭栽進書頁間暫時沉澱，是他難得的悠閒，對於出身新竹香山農家的Ben來說，眼前一切皆是童年時期無法想像的人生夢幻，小時候為了看幾本課外書，他必須騎半小時腳踏車才能到達新竹市的書店，路途遙遠耗時費力，索性一次待上兩個小時，飽覽群書後再心滿意足地踩半小時單車回家吃飯，雖然當時年紀小，書店特有的芬芳氣味隱然已滲入身心，這位當年書

大片落地窗將戶外室內連成一氣，宛如在大自然中閱讀。

店的小常客，如今事業有成回饋鄉里，心心念念仍是知識傳承，行至中年，從科技轉身為文創執行長，生命軌跡似在回應昔時書店裡那個文藝少年，以及孕育滋養他的故鄉土地。

主人的訴說，具體表徵為「或者書店」三大主旨：多元融合、親子共讀、友善土地。身為新竹子弟，Ben對於家鄉如何隨科技業發展而演進變化，形成今時的樣貌，有著近距離的全盤理解，他深知這個各方移民匯聚的科技城，唯有共融方能共榮，早在文創事業之前就成立基金會，落實關懷新住民二代的教育議題，而「或者書店」所在的竹北地區，島內移民組建的竹科家庭日多，書店的布置和選書也力

主人Ben最喜歡的和室區，期間限定展示耶魯大學出版品。

求與落戶此地的人們對話，根據顧客臉譜資料分析，「或者」一半來客都是附近居民，當初「社區型書店」的定位看來確是高見，全家總動員一起逛書店是此處的常態，幾次到訪，我都親眼目睹親子平臺的超高人氣，大人小孩各據一方或依偎共讀，有的正襟危坐，有的慵懶放鬆，無拘無束的姿態簡直像把書店當家裡客廳一樣自在，營造這麼友善舒適的氛圍，無怪乎許多家庭一試成主顧，甚至一家子都成為死忠「或者之友」的大有人在，還有經常光顧的小讀者主動參與兒童節活動貢獻所長，在「或者」攤位上為鄉親們朗讀、演奏小提琴，耕耘數年，Ben經常掛在嘴上的文化理想「與在地居民自然地親密連結，陪伴一個世代成長。」逐漸開花結果。

目前，「或者書店」裡大致固定有八千到一萬冊圖書，

個人閱覽室除了窗景綠意，還配有音響、耳機，獨享一人時光。

童書、繪本、親子成長類無疑具有一定占比，另外一類搶眼的主角是文學書籍，不僅質量兼備，對於臺灣文學發展脈絡的相關介紹著墨尤深，類撕畫手法設計成的文學年表牆，有那麼點後現代美感，其上標示著各時期不同文類的臺灣代表作家，吸引友人目光駐足良久。

雖說店內書冊堪稱豐富多元，然而想在這裡找到流行工具書，機會卻相對微小，記得幾年前第一次踏進這家書店大門，看見向來與暢銷榜緣淺的人文歷史一字立面排開在推薦書區，著實讓我感到訝異，不禁暗暗敬佩店主果敢獨立、與眾不同，後來，這個小疑問謎底揭曉，除了老闆Ben本身嗜讀歷史文學，自有品味，「或者」還網羅了曾經營獨立書店的主理人加入共同圓夢，草創之初，Ben仿效三國劉備三顧茅廬的精神，終於請出前「草葉集書店」的舵手領航「或者」，重要的是，信任專業，給予百分之百自由發揮的空間，強強聯手共同開創出「或者書店」獨樹一幟的自我風格。

帶著過往「草葉集」和「註書店」累積的豐富經驗，Peggy來到「或者」，她是開國元老更是整個文化平臺內容策畫的靈魂人物，戲稱自己是個「只要有空間就可以開書店」的人，確實，對於建構作者與讀者相遇的場域這回事，Peggy從來不乏想像與行動力，從校長兼撞鐘的獨立書店店主變成帶領數十人團隊的內容營運

獨立書店經驗豐富的Peggy，戲稱自己到哪都能開店。

或者書店強調陪伴世代成長，青少年選書亦是重點。

半開放挑高的童書區，各類型繪本提供成長養分。

總監，行走書店江湖多年的她不改其獨立精神，但更懂得了善用眾人之力成事的巧門，以相對豐沛的資源繼續從事她口中「長期的社會運動」，可千萬別被這字眼的表面意思嚇到了，用老闆Ben的詞彙解釋，喚作「文化倡議」，立足書店，製造各種對話的可能性。

社會運動也好，文化倡議也罷，在在說明了書店是個具備動能的有機體，「或者書店」之所以能奠基竹北，發散影響力，Peggy葵花寶典裡的「三力」要訣功不可沒，即設計力、企畫力、策展力，三力結合灌注於空間，書店才算真正有了生命力，對讀者產生實質意義與影響，就結果論，「或者書店」無庸置疑實踐得相當出色，選書、陳列、主題標註，以及動線的規畫安排，靈活有效地引動這個文化空間裡的能量交流，除了大型連鎖品牌，很少見到一家書店在平日裡人潮川流不息，講座活動總是滿席，此情此景在我們外人看來，只能連聲嘆服，然而對Ben所領軍的鴻梅文創團隊而言，「或者書店」初獲成功只算達成第一階段目標，這記漂亮起手式指向的是更宏遠的未來。

以「或者書店」為火車頭從竹北出發，啟動文化列車行遍大新竹地區，創造多重閱讀型態，是Ben對家鄉第二個許諾。

這張恢弘藍圖現正高掛在「或者書店」入門最顯眼處，十年建構十個據點輻射閱讀影響力的願景，到我新近一次拜訪為止，已經完成過半，風格可親的繪圖具體展現了「或者」系列的行動成果，運用簡單的色彩與線條，生動勾勒出「或者」文化小旅行路線，有心人可按圖索驥，跟著各式可愛的「或者娃娃」體驗「分散式美術館」五感閱讀的特殊魅力。

相關概念或可用「多元閱讀平臺」進一步闡釋，「或者系列」開展多路徑親近知識與在地文化，擴充閱讀內涵，不限單點或單一型態，而是所有據點在同一命題下各擁主題各自精彩，彼此串聯全面呈現地方風土與人文關懷，文本、書籍、工藝、電影乃至飲食，不同感官的閱讀體會，協力組構成完整的「人的經驗」。

在諸多「或者」閱讀空間中，「或者書店」、「或者文史書房」和「光盒子書店」皆以書作為溝通主體，「或者書店」強調書本啟蒙、知識鏈結，「或者文史書房」顧名思義著重尋根與省思，至於「光盒子書店」想當然爾就是光影的述說，這些引人入勝的企畫豈容錯過！於是，我們循著指引路徑，前進新竹市舊城區尋幽訪古看電影。

文創小旅行路線圖，跟著或者娃娃遊新竹，體驗五感閱讀。

不只是書店，珍貴史料歡迎借閱、探詢家族故事的「或者文史書房」

舊城第一站來到「或者文史書房」，它位在新竹市大同路和中央路的十字交叉口，鄰近竹塹城發源地，不過與竹北相距15分鐘左右車程，我們卻彷彿坐了時光機，從新興大樓林立的現代科技城穿越到百年前先民的生活場景，放眼所及，盡是屹立超過一世紀的古建築和老字號，視覺上最出色的當屬十字路口分立四個街角那四棟興建於一九五〇、六〇年代的老洋房，「或者文史書房」位處其一，與「或者工藝櫥窗」隔街對望，根據解說，文史書房前身是風城人飲宴酬酢的「新陶芳餐廳」，曾盛極一時，閒置一陣子之後轉型為「大同１０８舊城再生基地」，由「或者」文創團隊進駐，為老屋注入新活水。

洋房一樓的「或者文史書房」雖然以書為名，然而它的功能可不只賣書這麼簡單，裡面只租不售的「非賣品」占據半個牆面，全是文創團隊從各機構搶救回來的珍貴史料，部分陳舊封面和泛黃紙頁明顯流露歲月風霜，它們被刻意擺放在較高的層架上，避免人為破壞，需要的讀者可向店家借閱。相信嗎？還真有人前來查找文獻，拼湊自己的家族故事，這些帶著目的而來的顧客與店家相互激盪，將「文史」之路越拓越寬，書店內的講座、課程因應讀者需求，內容日益豐富，請來學者授課教導民眾如何整理自家的文獻、照片、器物，應用科學方法梳理家族史，也陸續安排各種手作課程，例如磨石子、線香製作等，透過技法學習體會傳統工藝精神，並從中理解不同族群的

或者文史書房老洋樓，曾是風城盛極一時的宴飲場所。

不只是書店的文史工作基地，立體記錄歷史，為地方說故事。

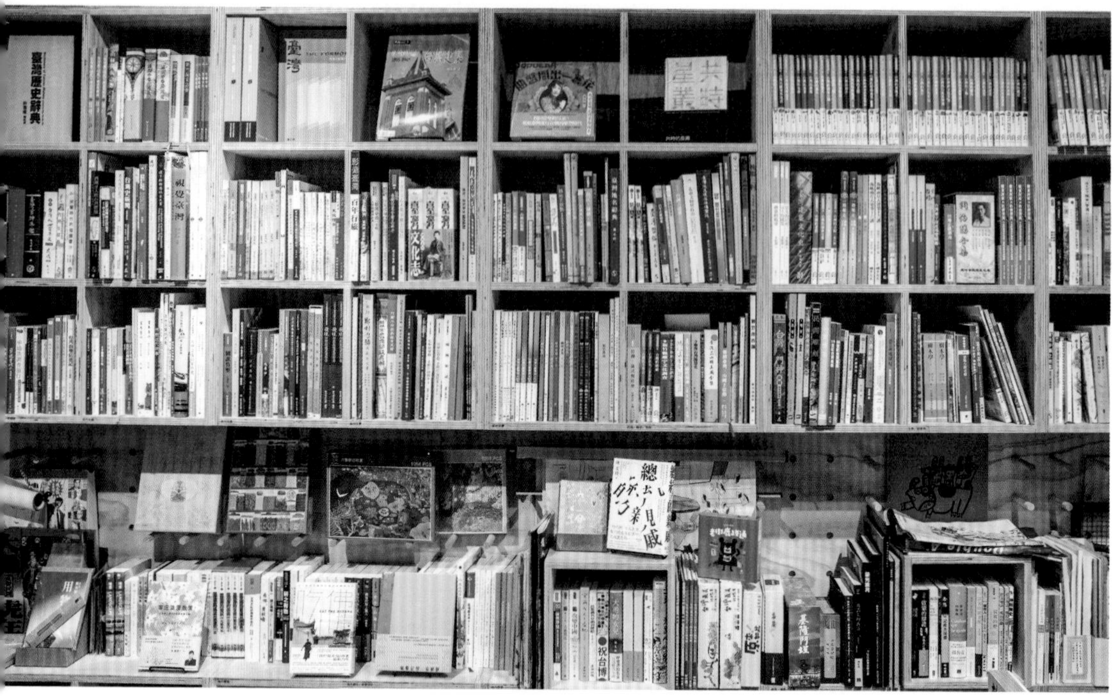

風俗由來及演進。

以上洋洋灑灑只是對這家多功書店的粗略概述而已，「或者文史書房」與其說是家書店，實則更像一個文史工作基地，實踐場域遠比書店範圍要大得多，他們走進街區採集故事，與地方耆老和文史學者對話交流，用文字、影像、展覽等工具立體記錄歷史，為地方保存記憶，並將故事傳頌出去，有意思的是，我們以為理當嚴肅的這處考古園地，引路人竟是三位青春洋溢的年輕女生。

才踏進「或者文史書房」，我們就迎來一波海嘯般的熱情招呼，貌似大學生的小蒨、芝顗、Kobe周身電流，感染力十足，他們對店內書冊文獻知之甚詳，談及舊城市井文化如數家珍，任何典故由他們口中道來都添加幾分輕盈幽默，小蒨介紹書店環境的開場白「我們剛好位在四個里的交會處，所以一天可以倒四次垃圾！」讓我笑到歪腰，這種職場「福利」當真只有樂在工作的人才能領會。

在他們輕快而專業的導覽下，我們難得見識了一頁新竹木雕工藝史，這又是「或者文史書房」另一特出之處，一樓黃金店面不全數用來生財，反而劃出一半面積作為展間，當日適逢木雕鑿花主題特展，在老匠師的故事裡尋找城市的記憶，也從美國箱子到唐木家具出口的產業轉變過程中，見證上世紀臺灣經濟起飛的外銷奇蹟，而老師傅的工作場景

老城區裡的青春活力，文史書房三人組，堪稱最佳導覽員。

「客廳即工廠」重現於此，對於我這仍留有時代記憶的中年人來說，睹物回想臺灣走過的篳路藍縷，更是格外有感。

我們中年懷舊合情在理，但負責解說導覽的小蒨和芝顗卻是不折不扣的年輕人，他們對展覽內涵掌握的程度令人驚豔，樂於分享的積極熱情更顯難能可貴。由於地理位置靠近火車站，加上店內新竹選書陳列在窗邊，又搭配著在地藝品布置，充滿濃厚風城意象，書店因而常被誤認為旅遊資訊站，旅客往往推門進來開口便問道「哪裡好吃、好玩？」他們

木雕鑿花主題展，用老匠師的故事保留城市記憶。

非但不厭其煩、知無不言，還會把握良機主動加碼推薦「來新竹，看這本《竹塹漫遊》就對了。」「要去城隍廟，這些都是介紹信仰的深度好書喔！」來往互動之間，果真創造不少業績。而吧檯後的Kobe邊調製飲料邊與顧客閒話家常，如同老友一般自然，客人臨去之時還會清楚交代接下來的行程，讓旁觀的我們嘖嘖稱奇，後來得知，原來「或者」系列書店根本是老顧客每天「行灶腳」的例行去處，而他的下一站，恰巧就是我們即將前往尋寶的「或者光盒子」。

日治時期風華絕代的老戲院「有樂館」幻化而生的「光盒子」電影主題書店

只消五分鐘路程，就能從「或者文史書房」步行到「或者光盒子」，即使對當地環境再不熟悉，也絕不致迷路，在地人都認識這家昔日風華絕代的老戲院「有樂館」，一九三三年日治時期落成，外觀華麗大器，融合古羅馬與阿拉伯的建築風味，還是全臺首座配有冷氣設備的歐式劇院，滄桑美人歷經時代演變，戰後轉型為普羅大眾共享的「國民大戲院」，後來再變身為「影像博物館」，現由鴻梅文創接手經營，即為「或者光盒子」。

賦予歷史建築新生命，「或者」已相當在行，以電影為主題，將博物館、書店、影廳、餐酒館融為一體的「或者光盒子」，一方面成功延續了固有文化內涵，另一方面滿足現代人的娛樂需求，這個複合式的藝文空間可以說是個極具建設性的休閒處所，非常適合消磨一整天。

我們書店之旅的目標自然是一樓的「光盒子書店」，開宗明義以影像創作和美學養成為核心，堪稱影像愛好者的天堂，同事們是相關專業人士，一進入這裡，立刻眼睜發光，若非強行克制，荷包恐怕又要失血不少。雖然占坪與圖書數量難比綜合型的「或者書店」，但「光盒子」電影主題書店自帶光芒，所有想像得到的電影出版品，從技術面到思想面、作品到人物、美學和歷史，幾乎無所不包，這個書區還取了個非常富有意境的名稱「幻之光」，運用燈光照明營造出電影世界的昏黃美感，

光盒子書店運用燈光設計，營造電影的昏黃美感。

想不沉醉其中都難。

「光盒子書店」燈光美、氣氛佳的輔佐功臣是與之相連的文物展區，「電影・有樂櫃」透過有樂館的身世，以及早期的攝影放映器材，為現代人娓娓訴說電影在新竹的故事，珍貴典藏與書店材料相互為用，讓這個影像天地更加充實飽滿。

此外，結合影廳放映與趨勢話題，企畫書籍專區、論壇講座、劇照展覽，閱讀和觀影流動匯聚合而為一，難怪「光盒子」場館經理宜甯笑說這裡根本是她「滿足自己喜好的空間。」從事電影製作多年，藉由此處發揮所長大展身手，夢幻空間讓她滿意到「工作即休閒，休閒即工作。」連休假日也泡在「光盒子」，這種快活日子，過得讓朋友們豔羨不已。

當天為我們領路的店員昊

閱讀結合影廳放映，複合式藝文空間，體驗電影全方位。

電影原著小說排成一列，書籍與大銀幕完美結合。

光盒子書店除了電影，亦有部分選書著重社會議題。

群也是個愛電影的年輕人，他特別帶我轉進書店另一側，瀏覽曾被改編為影視作品的創作原著，《大亨小傳》、《丹麥女孩》、《偷書賊》等文學作品排成一列，看來親切熟悉。而這個書區由於正好緊鄰新竹東門市場，因而形成一幅特殊景觀，一窗之隔，兩個世界，窗外市場人影雜沓，窗內書店幽深沉靜，動靜反差，煞是有趣。

從沒想過，自己難得遊逛新竹，有機會增加一點深度認識它，竟是由一家書店起的頭。也許，一切可以從「或者」創辦人Ben分享的推薦書裡找到線索，《無限賽局》反映其人價值觀念，《學美之旅》應和他的生活美學倡議，《沙漠·詩集·

書店》作者寫給祖國埃及的情書，恰似Ben對故鄉的深情告白，他特地為我們朗讀了《無限賽局》書中這段喜愛的文字「我們選擇無限思維表示我們會為了比自己偉大的信念而努力，我們會把擁有相同願景的人視為夥伴，努力與他們建立信任關係，一起推動共同信念，我們對自己的成就心存感激，在自己進步的同時也鼓勵幫助周圍的人更好，無限思維的人生就是服務的人生。」文字簡單，意味深長，這是他要求同仁共同閱讀的一本書，充分展露第二人生的思維信念。

當初尋找「蔦屋」意外擦碰出另一家美麗的「或者」，所幸，它並未落入複製貼上之俗套，抒發原鄉情懷展現自我風格，更進一步串連在地文化，豐富人文景致，體驗新竹的方式很多，其中，「或者」絕對不可或缺。

讓在地人驕傲的或者書店，走出自我風格，受到國際矚目。

開書店的目的不是為了賣書，
而是為了鼓勵閱讀，
提供附加價值。

OWNER'S INFO

Ben

科技人Ben將聞名世界的社區型書店──蔦屋帶給人的理想閱讀氛圍落實在竹科家庭聚落的竹北地區，藉由「或者書店」與住民交流多元融合、親子共讀、友善土地的文化烏托邦。

MY BOOKCASE

OWNER **Ben**

店主私房書

Ben的書單反映「或者」的中心思想，人生的目標不是為了贏，無限思維的人生是服務的人生，將好的事情用美的方式延續下去，看見美，生活即詩境；發現美，書店是重要的窗口。

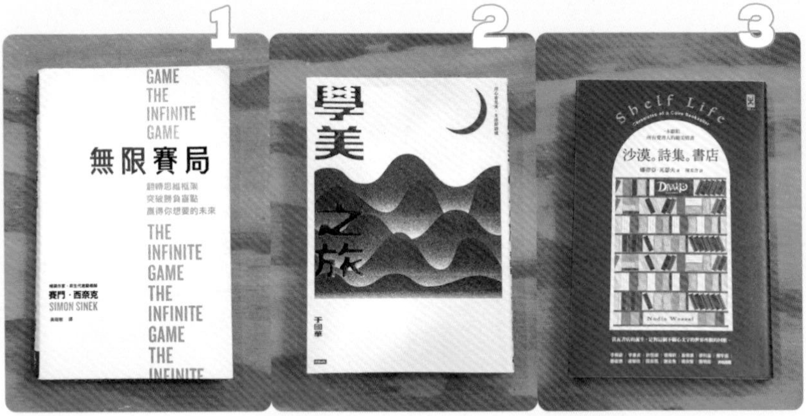

《無限賽局》
賽門．西奈克，黃庭敏 譯
天下雜誌
2020

《學美之旅》
于國華
時報
2022

《沙漠．詩集．書店》
娜蒂亞．瓦瑟夫，陳柔含 譯
野人
2022

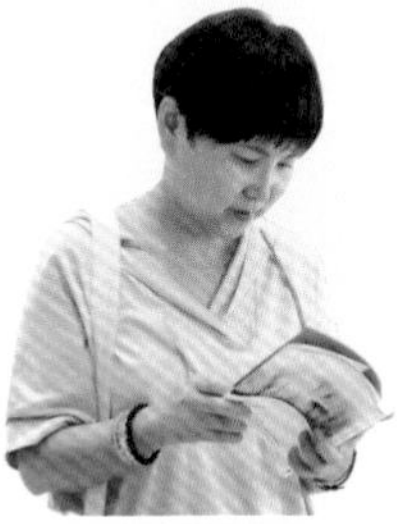

AUTHOR **慶齡**

慶齡帶走的一本書

在一間為家鄉而開的書店，遇到一本認識家鄉飲食文化的書，用「吃」尋找自己的歷史，用食物讓歷史讀來更有滋味。

《吃的台灣史》
翁佳音、曹銘宗
貓頭鷹
2021

A BOOKSHOP TOUR OF Taiwan

09

中央書局

島中央優雅重生的文化地標

DATA

Add 臺中市中區臺灣大道一段235號
Tel 04-22259024
FB 中央書局

「中央書局」是臺中人的集體記憶。老一輩見證它樓起，風騷一時；中生代目睹它衰微，走向沒落；如今，我們終能迎來它的嶄新手姿，在島中央再現傳奇。多麼可喜！

二〇一九年得知「中央書局」整修重啟，《名人書房》節目迫不及待開拔到中臺灣「走書房」，捕捉老書局新風貌。縱使當時尚未正式開幕，定位為「重返」試營運，眼前所見已足以令我們驚豔！一九四七年落成的老洋樓，一貫氣派典雅，新技法保留舊元素，重現當年風華。室內空間也初步規畫落定，三個樓層功能各自確立，新設無障礙升降電梯，與時俱進。

我告知父親「中央書局」

重新開幕了，華麗變身很漂亮，老人家驚呼「真的嗎？怎麼可能？」他以為，年少經常踏足的書店，早已消逝不復存在，瞬間，青春回憶湧現，難得聽他談起昔年臺中一中求學時期的「正經事」，透過一間書店才曉得，原來，我爸爸不只會看武俠小說！

「才開門試營運，已經有很多長輩拄著拐杖來這裡找回憶。」一位書店員工這麼告訴我。七十年，歲月悠長，自成立於一九二七年的前身「中央俱樂部」起算，直到一九九八年歇業，歷經日治、戰後、當代，「中央書局」承載多少臺灣歷史，凝聚了幾代人記憶。上世紀末，隨老城區蕭條冷清，華麗光彩逐漸褪色斑駁，書店停業後，原本人文薈萃的中臺灣文化窗口，來到新世紀，一度淪為婚紗店、安全帽店，甚至面臨拆除命運，所幸有心人出手相救，古樓非但沒塌，歷經兩年整治修復，煥然新生，構築新時代的知識平臺，「中央書局」續寫篇章，關鍵催生者，是信誼基金會董事長張杏如。

是機緣命定嗎？張杏如正好出生在「中央書局」現址落成的一九四七年，主持「中區再生基地」的東海大學蘇睿弼教授，憂心歷史建物可能被拆除，二〇一五年偏偏就是找上了她，懇請接手。張董回想當時所見「一樓賣安全帽，二樓以上殘破不堪。」面對「急診」景象，她應允先承租下來「趕快施救」，初步保全自己的兒時回憶，然而，進來後發現老屋年久失修，安全結構大有問題，若要好好整治，勢必得投注可觀經費大興土木，經過年餘審慎思考，決定與業主洽談購買，由先生何壽川捐款給「上善人文基金會」，正式接手「中央書局」。

外傳「中央書局」是先生送給她的七十歲生日大禮，這種說法並不正確，張董澄清「七十歲並沒想要裝飾什麼，碰巧這件事撞出來，就當作留個記憶。」分兩年捐款給「上善人文基金會」的作法，已然說明「這個地方不是留給自己，它本來就是社會的。」

信誼基金會董事長張杏如是中央書局重生的重要推手。

中臺灣文化地標煥然新生，城市記憶不滅再寫傳奇。

在七十之齡
掉入假文藝沙龍之名的美麗陷阱，卻意外挖掘出失落的一頁人生歷史

「把城市的記憶還給臺中。」事實上，「中央書局」同樣珍藏著張杏如個人的成長記憶。她在臺中度過快樂童年，兒時老家大書櫃裡豐富的日文、漢文藏書，皆來自「中央書局」，憶及父親的書櫃，她說「小時候看它，真的好大，裡面好多書，那是我仰望的殿堂。」

彼時，除了漢和書籍雜誌，「中央書局」也賣文具、樂器、運動用品等，營業項目相當多元，張董回憶，從前讀書人家裡必備的地球儀、哥哥考上臺中一中獲贈刻有名字的派克鋼筆、網球拍，

中央書局建築模型具體而微呈現弧形外觀之美。

書局裡展示了修復過程的建材，也陳列販售爬梳前身的歷史書籍。

都從「中央書局」買來，童年印記，無可取代，點頭接下「中央書局」，是情感驅動使命感的結果。

「浪漫就是不知死活才叫作浪漫。」張董自嘲地說。評估是否接手當時，身邊人勸進「去當沙龍的女主人。」心中既受情感驅策，又思及自身的文史背景，臺大歷史系畢業的她，終於在七十之齡做出重大人生決定，外人拍手叫好，殊不知當事人即將面對複雜萬端的長期抗戰，浪漫文藝沙龍實則是個「美麗的陷阱」。新團隊花了兩年多時間設計、修復、強化結構，歷經艱難的施工過程，才回復洗石子圓柱陣的美麗原貌，及其所支撐的格子梁天花板。

過程儘管挑戰重重，然而，這份浪漫也帶來意料之外的發現，新主人用功爬梳「中央書局」相關史料，始得深刻理解那個年代創建者們胸懷天下的文化理想，更重要的是，這群臺灣重要的知識菁英，竟曾那麼自然地出入家中，真實活在她的童年裡，最早提出「中央俱樂部」構想的莊垂勝先生，是她幼時喚作「遂性伯」的長輩；以述史為志的葉榮鐘先生一家就是隔壁鄰居，後來聽哥哥說，自己名字「杏如」還是葉先生取的；林獻堂先生的次子林猶龍，與她父親為日本一橋大學的前後輩，他們尊稱對方「猶龍先」，以表敬重。大學就讀臺大歷史系，臺灣史課程只教到鄭成功，進駐「中央書局」的奇妙因緣，讓她補足

洗石子圓柱與格子梁天
花板，歷經多道工序才
得重現原貌。

一頁曾遭刻意忽略的空白歷史，更由此連結到自己的生命，「原來，我是活在這麼重要的這一群人當中長大的。」

我始終相信，世間種種偶然，皆為必然的鋪陳。人與人、人與事，以及信念的互通，搭建「中央書局」橫跨近百年的巨型舞臺，新時代布幕開啟，後人接棒登場，啟發高尚生活興味的精神並無二致，重生的「中央書局」不以一間單純賣書的書店自居，積極朝推廣文化動能的平臺邁進，詹宏志接任董事長後，發揮擅長的文化創意，推出「閱讀島中央・週三讀書會」，如今已成周遭朋友汲取養分的重要來源，日前外地出差，適逢週三，我們分明工作勞頓整日了，同事怎麼都不願錯

「漆味食光」展覽訴說工藝之美，配合選書完整呈現。

過讀書會線上課程，晚間回旅宿房間戴上耳機看直播，聽焦元溥「樂讀文學」，不時共鳴發出笑聲，她告訴我，聽焦元溥分析《包法利夫人》，突然覺得福樓拜的小說很好看，數位時代運用科技將經典文學帶回人生，中年人也能收穫新觀點，升級智識更上層樓。

心態決定動能，任何年歲都無礙學習，打開新書、重讀舊書或者單純聆聽

張董對自家讀書會也相當捧場，她與我們同樣喜愛馬世芳與焦元溥談音樂與文學，參與課程深受感染，「他們的觀點很特別，有些是我沒有想過的，也許一時

突兀，但非常有趣。」在她身上，我看到長期閱讀的氣質養成，並由衷敬佩她願意聆聽年輕一輩的專業解說，她優雅回答「想要活得比較有活力。」確實，心態決定動能，任何年歲都無礙學習，打開新書、重讀舊書或者單純聆聽，都可能有所觸動，為生命添加薪柴，我非常認同她對「週三讀書會」的詮釋「可以打開另一種眼光看同一本書，也能夠跟很多人一起看同一本書，彼此產生連結，不是虛擬，是真實的連結。」線上線下同步舉行，互動臨場感透過直播傳送，對遠端讀者一樣有渲染力，閱讀，可以很個人，也能相互學習，開發新角度、新趣味，共同成長。

這類讀書會唯一的缺點是

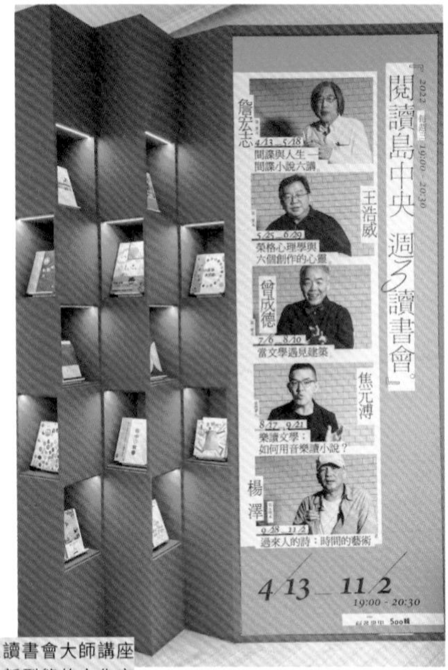

週三讀書會大師講座再造新型態的文化交流平臺。

「被書追著跑」，很認真的張董跟著詹宏志重讀《魯賓遜漂流記》，受焦元溥引導讀起《格雷的畫像》，她出身書香家庭，自小耳濡目染，讀書是生活裡極其自然的一部分，接受各類叢書態度相當開闊，我請她推薦私房書，令她頗感為難「人生不同階段、不同風景，喜歡哪些書很難說，讀書有些緣分。」自家辦的讀書會，牽繫好緣，我也從善如流，在「中央書局」帶走《第一人稱單數》，好吧！就來看看村上春樹如何將短歌、散文、音樂與小說結合在一塊兒。

來到一樓空間尋找本期「週三讀書會」五位作家講題選書，當然不忘瀏覽主書區，稍加認識臺中的人文歷史，我雖在臺北出生長大，籍貫卻是父親老家彰化，父執輩中學以後多在臺中求學，家族裡多人落戶在此，對臺中，一向備感親切熟悉，「中央書局」以一樓入門空間服務在地，重塑「文化城」面貌，在歷史空間建置歷史記憶，向當初創立書局的中臺灣知識群英致敬，別具意義。

二樓配合餐飲，內容相對輕鬆，以生活、飲食與兒童親子為主。文學結合飲食文化，是「中央書局」另一大特色亮點，《文學裡的味道》作家料理，每期推出不同作家獨門菜色，吃飽也吃巧，造訪當天，同事點詹宏志的家宴料理「宣一紅燒牛肉蛋包飯」，我則品嘗了裴偉分享的「栗子燒雞套餐」，當期菜單上還有蔣勳老師精心配

「文學裡的味道」將美食與文學完美結合，並推出作家餐。

置的「五行九宮蔬食」，以及飲食作家蔡珠兒的「醃篤鮮湯飯套餐」，聰明店家當然不忘配套《文學裡的味道》作家推薦書，嘴裡吃著栗子燒雞，抬頭便見醒目擺放的《裴社長廚房手記》。

點餐櫃檯旁還設有紅色郵筒，鼓勵顧客用餐前提筆與文字交流，將寫好的專屬明信片投入郵箱，書局會服務寄達指定地址。雖然其他書店也有類似裝置，但我之所以對這個小區域印象深刻，在於同區放置的一本《山茶花文具店》，是我個人偏愛的清新小說，書中主角是開設文具店的「代筆人」，空間布置者的慧心巧思，我接收到了。同樓層另一區是風格迥異的童書親子區，繽紛多彩童趣十足，「信誼基金會」深

信誼基金會深耕學前教育，兒童親子區是店內最多彩的區域。

用餐前提筆抒發情感、以文字交流投入信箱，書局便會將專屬明信片寄達指定地址。

耕學前教育逾四十年，著重兒童教育與發展，此區童書繪本內容多元，對家長孩童都有啟發性。

坐在覺得舒服的角落，
拿本書、喝杯茶，
安靜地閱讀，
是日常最美的風景之一

三樓是「中央書局」的文化啟蒙區和主要活動場地，讀書會、講座、新書發表會都運用這個空間舉行，雖然留有大片面積提供活動舉辦，這個書區內容豐富度卻是我最喜愛的，中外經典質量兼備，新舊並陳應有盡有，並特設主題書展，定期選材更新。通常顧客進門需要點耐心向上開發，才會沿階步行到三樓，這裡因此相對安靜，張董說她也喜歡坐在三樓的座位區，靜心閱讀一小段時光，恬適悠閒，邀請大家同來感受，他們致力將這間書店營造為「一進來就覺得舒服的地方，一個人拿本書、喝杯茶，坐在任何一個角落，都是最美的風景。」

這便是浪漫情懷吧！儘管在整修、籌備過程中迭遇現實考驗，直到正式營運，仍有「處女座的人挑不完的毛病。」然而，看到人們來此憶往，真情流露，那些傷神與汗水好像都值得了，張董分享了一則動人故事，我的一位新聞界前輩，帶著年邁老丈人回到新開幕的「中央書局」，曾經，這裡是他岳父母年輕時第一次約會的地方，婚前到書局採買結婚用品，順便還帶走了一本字典，年代久遠的字典，老人家現在還留著，但當初牽手一起買字典的妻子，已經離世，再也無法陪同前來了。

每個回到「中央書局」撫今追昔的人，都有著自己獨一無二的生命記憶，張董未曾料到，幾年前這個浪漫而

中央書局每個角落都精心打造，三樓主要陳列文史哲書籍，場地開闊，也能舉辦活動。

艱難的決定，會引來陌生人向她當面致謝，甚至熱情上前擁抱，「壓不扁的玫瑰」楊逵的孫女楊翠重遊舊地，回想幼時阿公牽著她的小手來此參加聚會，長大後才知道，原來「當年的聚會很不簡單。」遙想歷史現場，雄心偉志，多少風流人物，一時俊彥，誰人不青春！

「記住歷史，不是要背負什麼，是為了不要忘記。」張董如是強調。上世紀初的「中央書局」集知識菁英之力結盟開創，實踐文化改造與思想啟蒙，如今新時代的「中央書局」，也仰賴許多人共同建構，她堅定地說「今天的中央書局，屬於每一個進出的人。」不忘過往，新生的「中央書局」帶著傳承繼續走下去。

OWNER'S TALK

把文化地標還給社會，城市記憶還給臺中。

OWNER'S INFO

張杏如

童年印記，無可取代！彷彿機緣命定地，張董以七十歲之齡，在與自己同年出生的老建築催生出承載臺中人共同成長記憶的「中央書局」，延續初創時的思想啟蒙使命傳給新的世代。

MY BOOKCASE

店主私房書

可看的書太多，近日擷取「週三讀書會」音樂文化人馬世芳、焦元溥選書，重讀經典，結交不同心靈。佛學經典常在，為每個人生階段醍醐灌頂，開拓心靈空間，境界始大，感觸遂深。

OWNER **張杏如**

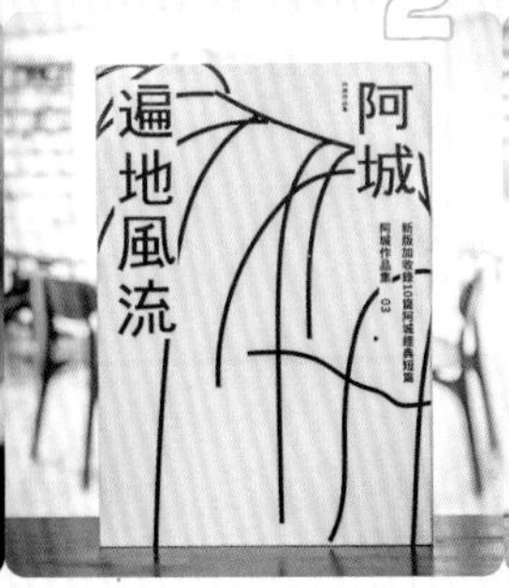

《格雷的畫像》
奧斯卡．王爾德，吳孟儒 譯
遠流
2015

《遍地風流》
阿城
新經典文化
2019

《棋王樹王孩子王》
阿城
大地文化
2007

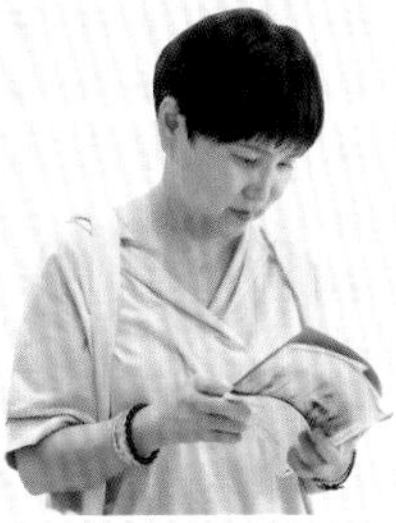

慶齡帶走的一本書

自從《名人書房》深訪焦元溥之後，對於如何用音樂讀小說，開始產生好奇，藉由「週三讀書會」講者選書，一探村上春樹的複眼小說，結合音樂與文學的喻與暗喻。

AUTHOR **慶齡**

《第一人稱單數》
村上春樹，劉子倩 譯
時報
2021

A BOOKSHOP TOUR OF Taiwan

10

烏邦圖書店

府城明亮絕美的

文化新天地

DATA

Add　環河店｜臺南市中西區
環河街129巷27號2樓
Tel　06-2226919
FB　Ubuntu烏邦圖＿書店

Add　總圖店｜臺南市永康區
康橋大道255號4樓
Tel　06-3023701
FB　Ubuntu烏邦圖＿總圖店

古都裡的書店不全然古色古香，「烏邦圖書店」就是個異數。

無論早前聽聞臺南在地朋友說起，或者曾到此一遊的旅人分享，形容這間書店無非都是一個「美」字，百聞不如一見，臺南行，照例先奔赴國華街「福昇小食」報到，春梅姊超強手藝炒出鑊氣十足的鱔魚意麵，是我心中「世界第一等」的頂級美味，滿足肚腹之後，隨即動身前往同在臺南中西區的「烏邦圖環河店」餵養心靈。

立於河畔的絕美書店

友人們這回難得不浮誇，「烏邦圖書店」果然美得令人屏息，純白敞亮，河景無敵。

到訪當日晴空萬里，從二樓書店透窗眺望，安平運河波光粼粼晶瑩閃爍，一時間，錯以為置身國外，這裡，竟是臺南！如是反應，正中書店老闆下懷吧？畢竟，本業與書店八竿子打不著關係的李老闆，當初投資開設這間書店，起心動念的源頭便是「河」。

我聽過各種千奇百怪開書店的理由，「烏邦圖書店」李老闆也算其中一傑，他與家人同遊NBA馬刺隊的主場地聖安東尼奧，對當地著名的河濱人行道大為讚賞，從此心心念念打造故鄉臺南版的河濱走廊，在他眼中，安平運河一帶條件絕佳，有樹有河，還有南臺灣明媚的陽光與溫暖和風，即知即行，開出河景第一排的「烏邦圖戶外露臺區是最受歡迎的拍照地點，天然配色背景絕美。

書店」拋磚引玉，期待「很多人到這裡開店，形成一種聚落氛圍，大家一起來河邊逛逛。」

來到安平運河邊，
請大方打開
「烏邦圖書店」的大門，
美好的一天由此開始

但，為何選擇從書店出發？李老闆的動機單純良善，因為「書店不需要消費門檻，大家都可以走進來。」他是殷實商人，腦子裡不存在「開間小店賺大錢」的虛幻想法，而是敞開心胸歡迎大家同在一起，毋須因消費壓力卻步，書店名稱「烏邦圖」也源於同一概念，靈感來自英國社會學者在非洲的參與觀察，當地

兒童不為一籃水果爭勝負，反而大家手牽手同時抵達終點，俾使人人有獎。無意間讀到這篇研究論文，李老闆心有戚戚「大家都是人，互相有關係，共好，很適合我的理念。」因此，來到安平運河邊，請儘管大方打開「烏邦圖書店」的大門，感受它的明亮光彩與主人溫暖開闊的心。

其實，用不著我多說，這間「安平運河旁最美的書店」早已譽滿網美圈，躋身臺南打卡熱點了，每回前往，必見正妹、正姨到此展現各種身姿留影，這間書店幾乎每個角度都有景，不過，據我觀察，最受影中人垂青的還是戶外露臺區，天空的藍、樹梢的綠搭配日光下銀閃閃的河面，怎麼拍都美。然而，成為拍攝熱點是個美麗的意外，這個戶外閱讀區起初並非專為拍照而設，桌椅和遮陽傘本意都在服務讀者，趁著四下無人之際，我拿著剛結完帳的新書，閒坐在此小讀一會兒，初秋暖陽舒適不黏膩，清風徐來驅走殘暑熱氣，真是個怡人的戶外書房。

倘若怕曬又貪戀陽光，正對河景的窗邊單人座絕對是最佳選擇，記得某次一早來訪，整排單人座位區竟然已無空位，「烏邦圖書店」是少數早上八點半就開始營業的獨立書店，店主說「早晨是這裡最美的時候。」果然不虛，內行顧客懂門道，點杯咖啡獨自賞景晨讀，美好的一天由此開始，那日，突然有點羨慕起臺南人了。

烏邦圖書店採光絕佳，任何角落都是好位子。

主人雖然佛心，然而開店做生意仍有起碼規矩，「烏邦圖書店」座位區低消一杯飲料，純看書不點飲料，店家依然友善，書區特意建構大面積階梯平臺，提供讀者試閱歇腳的地方，老闆以自身經驗體貼顧客「有時候逛書店，會想坐下來看書，既然這店剛好是我開的，就設計一些免費座位給客人。」

「烏邦圖書店」看似新穎時髦，精神卻非常質樸親切，將臺灣人熱情好客的性情融入高質感的現代設計當中，這間書店裡外風格一

充滿綠蔭的白色建築一樓是藝文空間，拾級而上便是烏邦圖書店。

大面積階梯平臺展現店主誠意，提供免費座位歇腳讀書。

致，初來乍到會以為整棟白色建物都是書店，事實上，它的一樓是藝文展覽空間，順著招牌方向指引拾級走上二樓才是書店，之所以能夠整體搭配得如此巧妙，答案說來簡單，「因為建築師與設計師是同一個人，他本來很忙，不接室內設計案子，可是一聽到是要開書店，就點頭了。」不得不說，書的空間著實充滿魔力，不但讓業務繁忙的建築師願為它竭心盡力，並且效勞不只一次，之後，「烏邦圖書店」進駐臺南市圖新總館，也出自同一人手筆。

驅車從環河店所在的中西區前往永康，路途雖然有點遙遠，然而，光是臺南市圖新總館本身，就值這半小時車程，這座圖書新館二〇二一年才完工落成，其建築形式與意象概念無不令人驚豔，首次造訪，礙於外景工作行程緊湊，只能匆匆掃視建築外觀與一樓大廳，當時粗見梗概已然嘆服，這回為了探訪「烏邦圖總圖店」，拾步踱上四樓細細端詳，才得窺它大處恢弘、小節細緻之精巧用心，感動難以言喻！幾年前，《名人書房》節目拍攝「許石音樂圖書館」初識洪玉貞館長，當時即已感受到她對公共圖書空間的識見與投入，而今又見她投注

臺南市圖新總館融合現代與傳統，新材料展現老屋窗花。

數年心血終於完成的閱讀地景，著實深感敬佩。

由於篇幅受限，無法岔出主題太遠，對市圖新總館的介紹只能點到為止，強力推薦大家前來親身感受，必有體會。

回到此行主題區「烏邦圖總圖店」，這間「圖書館裡的獨立書店」位於圖書總館四樓，雖與創始「環河店」系出同源，但特色截然不同，這裡沒有河景，卻坐擁挑高空間與大面窗玻璃，採光絕佳，入口處以白色線條造景區隔書店和圖書館的空間範圍，有人說它像漁網，我倒覺得近似水流意象，無聲分割又巧妙串連兩處圖書空間。

以書本紙頁做為空間裝置藝術，公立圖書館美出新高度。

書店只是媒介，立場多元開放，讓每個人進來看書都覺得舒坦

「圖書館裡的書店」到底得天獨厚還是先天受限？連主人也沒有答案，當初猶豫是否進駐，臨門一腳來自員工意見「圖書館經常借不到暢銷書。」老闆心想有理，於是央請同一位建築師為這長型空間延續「烏邦圖」風格，為愛書人提供另一種選擇。起初，它的過度美麗讓某些人只敢探頭張望，分不清此處是圖書館的延伸？還

是家咖啡廳？店家為此才在門口立牌「烏邦圖書店」，邀請大家進來享用一杯可口飲料，閒適安坐在精心設計的空間裡放鬆閱讀。

根據店長怡慧分析顧客臉譜，「總圖店」不同於「環河店」觀光打卡者眾，這裡位處非旅遊區的永康，往來多為在地客，年齡層涵蓋廣泛，平日裡附近住戶前來消磨看書，常見臉孔的購書取向，他們默默紀錄調整進貨；假日親子客為主力，童書繪本受歡迎，一向是店內銷售大宗。「烏邦圖書店」兩間店都採綜合經營，任何文類都有，非常平均，李老闆放手授權店長運營，唯獨要求「開放多元沒立場，讓每個人進來看書都覺得舒坦。」書店老闆性格多樣，

總圖店承襲烏邦圖明亮特質，打造出另一種風格美感。

線條隔間，設計高招，圖書館與書店各自獨立又巧妙連結。

有人藉書架傳達理念、有人凸顯品鑑能力，而這位投資者則堅持「書店只是媒介，不需要人家都跟我一樣。」

新世代為書店注入活力，熱門議題與偶像追星皆能策展

然而，書架空間有限，綜合當中仍有取捨，「烏邦圖總圖店」明顯走年輕路線，店長、店員加總平均年齡只在三十上下，網路世代對熱門議題反應迅捷靈敏，我們某次造訪正值南美館「亞洲的地獄與幽魂」特展展期，年輕人腦筋動得快，書店入門櫃位整面妖怪、奇譚，選書適時搭上流行列車，相當吸睛。

青春書店想像多元，既是文學愛好者又是追星迷妹的怡慧店長，曾經為自己所愛的韓國天團「BTS」九週年發想策展，將天團專輯概念相關的書籍，以及團員們讀過的推薦愛書，整合出一項主題特展，甚至自費製作串旗應援，來店消費就送限量串旗小禮，活動推文迅速擴散，串旗兩三天就贈送一空，幸得老闆贊助後援，延續活動熱潮，為新書店提升不少聲量與業績。

我不禁好奇，動感十足的「防彈少年團」喜愛哪些文學作品？超級內行的迷妹店長喜孜孜出示當時活動照分享，並帶我參觀櫃位進入年輕人的世界，經她詳細解說，這才得知原來天團團員竟與我同樣喜愛赫曼·赫塞的《德米安》（徬徨少年時），以及村上春樹《挪威的森林》和《海邊的卡夫卡》，他們還閱讀許多經典，諸如《湖濱散記》、《異鄉人》、《麥田捕手》等等，也曾以《小王子》為演唱會舞臺設計概念，策展時，店長順勢把近年受矚目的韓國文學作品一併擺放，運用偶像魅力帶動閱讀，十分聰慧機巧。

選物區服務在地，烏邦圖海納百川，仍為臺南文化保留空間。

新世代為書店注入活力，除了自由書區，也包括他們行銷活動的方式，善於經營社群，一切網路化，她向我推薦新一代作家宋尚緯的作品《再也沒有蒜苗佐烏魚子了》，邀請作者前來的分享會也採線上報名，有趣的是，新新人類店長卻從小夢想「在書的環境裡工作」，受困疫情無法出國任教，正巧為她開啟通往書店的大門，好奇問這位網路原住民為何仍喜愛實體書店，她說「逛實體書店會發現很多意外的書，本來不在規畫當中，因而更有樂趣，書店絕對有存在的必要。」

書店的存在，也讓老闆意外感到幸福，雖然忙於本業，只能利用假日抽空巡店，依然經常遇見行動支持的常客，令他感動無限。還有位來自臺中的客人，週週報到，每次都選在同一座位看書，原來是位體貼的先生，每星期載太太到臺南上刺繡課，自己就到書店靜心看書，課程結束最後一週，客人拎了份禮物送給老闆「謝謝你開這家書店。」真

階梯座位免低消，圖書館內借不到的書，書店也能提供閱覽。

新世代不僅陳列、策展別出心裁，行銷方式也不同以往，善於經營網路社群，成效極彰。

實人情，增添無形之美，這不就是「烏邦圖」共好的精神！「我在因我們同在，生活中我與他人密不可分。」

OWNER'S TALK

烏邦圖是一個很適合閱讀和發呆的好地方。

OWNER'S INFO

李老闆

本業與書店八竿子打不著關係的李老闆投資開設這間書店，起心動念的源頭便是「河」。在他眼中，安平運河一帶條件絕佳，有樹有河，還有南臺灣明媚的陽光與溫暖和風，最適合不需要消費門檻，敞開心胸歡迎大家同在一起的「烏邦圖」書店。

MY BOOKCASE

店主私房書

OWNER 李老闆

大學進入金庸武俠世界，從此無法自拔，百看不厭，架構在歷史舞臺上的精彩情節，一翻開就停不下來，其中最愛《天龍八部》，張力十足且通透人性。

MANAGER 怡慧

店長私房書

年輕的文學愛好者，透過作家朱宥勳的敘述，進入來不及參與的年代，從字裡行間凝望前人足跡，向臺灣文學作家致敬與致謝。

《他們沒在寫小說的時候：戒嚴台灣小說家群像》
朱宥勳
大塊文化
2021

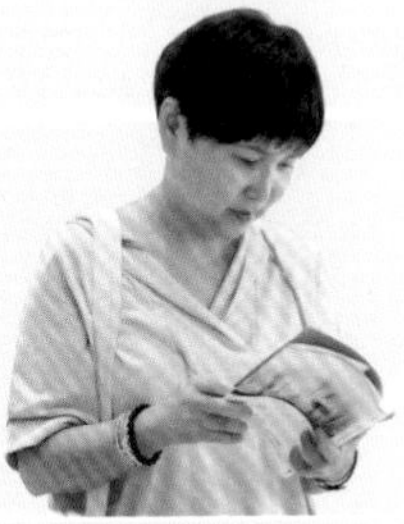

AUTHOR 慶齡

慶齡帶走的一本書

島嶼作家夏曼．藍波安用「借來的文字」重建達悟歷史，外來者以槍砲取得統治權，用文字贏得詮釋權，口傳民族沒有郵遞信箱，只能受迫噤聲。

《沒有信箱的男人》
夏曼．藍波安
聯合文學
2022

A BOOKSHOP TOUR OF Taiwan 11

三餘書店

重新定義書店的文化窗口

DATA

Add 高雄市新興區中正二路214號
Tel 07-2253080
FB 三餘書店 TaKaoBooks

獨立書店在高雄，「三餘」絕對重量級！

當初對「三餘書店」產生好奇，並非由於它的高知名度與聲量，純粹是「三餘」這店名吸引了我，上書店官網求解，典故原來出自《三國志．魏志．董遇傳》，係指冬天、夜晚、雨天，三個讀書的閒餘時間。胸藏文墨，我喜歡，火速偕同好友，趁暑期「閒餘」，南下高雄書店一日遊。

「三餘書店」距離高雄捷運橘線文化中心站一號出口步行僅需一分鐘，經在地人行前指點，我們輕鬆完成高雄捷運初體驗。有備而來的好處除了省時不迷路，還可順利「覓得其門而入」，我們早就做足功課，得知正對馬路狀似入口的紅框大門非門

也，直接推開庭院旁的側邊小門登堂入室，店主並非故弄玄虛，只因租下簡家洋房初期，房東仍有家人居住在此，生意場不擾人，才會出現如此特別的進出通道。

書店所在的三層樓洋房，是當年高雄市中正路開闢後，街區最早的摩登建物，屹立超過一甲子，原汁原味保存完整，「三餘書店」進駐後舉辦的第一場展覽，主題就是這棟老房子的家族記憶，從草創維艱到現在每年逾百場展覽、活動，成為南臺灣具代表性的獨立書店，主理人鍾尚樺一口氣感謝了包括房東在內的長串名單，「恩人們」的故事幾年來陸續見於「三餘書店」公開發文，回首點滴「有發生過的事就要記錄下來，不要忘記

書店門口貼滿藝文活動海報，
三餘不只是書店，也積極推動
各式展覽與活動。

書店所在洋樓歷史悠久，
內部座椅同樣走懷舊風，
古樸一致。

那個人情。」尚樺記憶庫如人肉硬碟，細數書店歷史靡遺不漏，遠自二〇一三年開幕之前，五位創辦人如何各自實踐社會關懷文化埋種，到「高雄電影節」契機結緣，加以嘉義洪雅書房老闆余國信的「刺激鼓勵」，一路講述到晚近「不只是書店」的擴張服務，說書人尚樺為我們翻了一頁高雄書店發展史。

想進三餘書店，記得要從這個側邊小門才能順利登堂入室。

初代店長扛起重責，走過篳路藍縷，儼然成為高雄文化窗口，如今不遺餘力四處「報恩」

尚樺是五名創辦人當中，書店實務經驗最豐富的一位，順理成章扛下初代店長重任，儘管在大型連鎖書店前場任職多年，但自己開辦書店後端的運作，如採購、合約種種事宜，遠比想像艱難複雜得多，說來不可置信，目前排滿七、八千書冊的充實空間，當年開幕之前卻是一片空盪，尚樺回憶「只剩兩周就要開幕了，書櫃上的書還不到百分之三。」一時間，我以為聽錯數字，尚樺強調「是不到百分之三，不是三十喔，那是獨立書店尚未被廣泛認識的年代，經銷商一看沒有暢銷排行榜，沒辦法配書，就說你不及格，根本不願意合作。」沒書可賣，那還叫書店嗎？

所幸，「恩人」適時出現了！「華文朗讀節」高雄場落幕，獨立出版業者直接把整批沒賣完的書從展場搬到書店，回想當時「一間出版社一格，全部秀面，開幕海報也占三格，想辦法填滿空

三餘店名出自三國志，指冬季、夜晚、雨天三個閒暇餘時適合讀書。

間。」話當年，如今談笑風生，其實皆是昨日之苦，難怪他念念不忘，還有一位尚樺口中的「藍姊」，也是及時伸出援手的好心人，將原本為圖書館採購的書，先暫借給書店撐場面應急。事情過了，恩情永駐，「三餘書店」有那麼多故事可寫，蓄積那麼多熱情回饋地方，其來有自。

走過篳路藍縷，儼然已是高雄文化窗口的「三餘書店」，如今不遺餘力四處「報恩」，尚樺接手另位創辦人謝一麟的「外場」任務，整合眾人關係網絡繼續延伸觸角，這些年的具體行動，早已超越書店原先設定的主題：人文閱讀、生活創意與藝術表演。他們走進偏鄉，分享閱讀；在「不山不市」資源斷層的匱乏地區投注心力，認養六龜區龍興國小四年級的班級長達三年，陪伴成長直到該屆學生畢業；上山下海為地方做文史紀錄；與企業合作發行刊物；協助其他書店開設……尚樺攬上身的事，族繁不及備載，當天聊不完，這小小紙頁似乎也書寫不盡。

各種主題書展與活動，都是書店員工的創意發想。

如今滿溢的書架，誰能想像當初開幕時差點無書可賣，幸得許多「恩人」馳援，才有今日三餘。

工作人員敬業拚搏，投入無形心血，強烈的集體認同為書店贏來高聲量

雖然店長宥臻在旁不時吐槽老闆「來者不拒」，還玩笑透露眾人背地裡戲謔尚樺為「佛祖」，然而，她自己之敬業拚搏也相去不遠，「三餘書店」無論裡外，正職或兼職員工，人人皆以書店為己任，首次來訪，瀏覽書架同時，我便聽見櫃檯店員正在彼此腦力激盪，討論設定哪些主題發文，宥臻自嘲「這間書店的人都有工作狂特質。」即便休假日，遇有話題，也非要在社群發文即時呼應不可，他們甚至會在夜半時分相互提醒「不要再弄、不要再回了。」書店的高聲量，幕後盡是無形的心血投入，如此這般的集體認同，企業經營者看了，也會欽羨吧！

兩位經營者都有愛書人的特質，對書店積極認同，投注其中成了工作狂。

好位置留給獨立作品與「新書」，為作品與讀者創造雙贏

也許，這就是愛書人的共同特質，興味盎然便不覺勞累，尚樺喜歡奇幻、推理，宥臻自小就是文學愛好者，他們曾先後在同一家連鎖書店任職，負責不同書區，訓練扎實各擅勝場，體現在如今「三餘書店」現場，有紀律又有創新，這間書店相當敢於嘗試，非但路數與眾不同，還販售許多「獨家」書籍，短期內再回訪，入口處那些獨立印行的出版品也是

召喚力量，賣場不優先考慮「坪效」，願意提供空間給尚未為大眾熟知的創作者，不得不承認，我被感動了。

一般而言，我們進入書店通常會先接觸到新書，或者相對具備討論度的熱門書，但是「三餘書店」先讓讀者看見的卻是小誌、獨立書刊、新人詩集等「冷門」出版品，這並非意味著此書店視金錢為無物，反而是他們自我實驗和創造機會的好手段，書店因此見證許多新人從籍籍無名到走紅的歷程，宥臻形容這裡「臥虎藏龍」，例如《綠之歌》作者高妍，愛畫畫的女孩自己出版發表作品，找上「三餘」合作寄售，短短幾年，這位年輕漫畫家在國際間嶄露頭角，連村上春樹都深受吸

另類「沉思者」是店裡的焦點，吸引眾人目光駐足。

引，邀請她為作品《棄貓》繪製插畫，宥臻開心地說：「當初看到高妍的畫，就很喜歡，我自己也有買，看著她一路成長，還幫村上春樹畫插畫，覺得自己真有眼光。」

與有榮焉是種很難言說的歡喜心，「三餘書店」沉浸其中，多年來擔當獨立創作者曝光平臺，樂此不疲，我就是受到書店手寫小卡吸引，佇足詩區而首次認識了年輕詩人任明信，理應青春的文字卻飄浮古老靈魂的氣息，於是好奇帶走他的詩集《雪》，成功勾引我們這類讀者，正是書店的「陽謀」，尚樺與宥臻坦言「這麼擺書是故意的，每間店的新書、重點書都放在好位置，已經有大量曝光，所以我們把機會讓給別人，讓其它作品也能

被看見。」對於尚樺來說，不只新人和獨立出版品，只要沒看過的都算新書，過去讀者未曾發現的好書，或許只因「運氣不好或位置不佳」在茫茫書海中被埋沒，若能在此「重見光明」也是嶄新發現，為作品與讀者創造雙贏。

「共好、共存、共享」概念 讓書店的存在 使大家生活更好

「三餘書店」與其說是間書店，我倒覺得它更像文化交流場域，廣納百川大開大闔，一方面把故事與想法匯聚進來，另一方面將文學與文化推展出去，尚樺本身的形容更貼切，他認為「開書店就是開窗口，有裡有外，

三餘邏輯與眾不同，獨家與作者限量簽名書占有一席好地。

有的從外面看進來，有的從裡面看出去，我們的任務是在窗臺上擺東西。」這說法具有兩層含意，其一、如同店內櫃檯擺放的《大雄誌》和《時行》等書寫高雄的刊物，領外地人認識高雄，在地人更理解高雄，其二、讓窗外向內探的人，勇於進入分享，藉由這個「願意聽」的平臺，讓他們的故事對外訴說更廣。

這份「共好、共存、共享」概念，是尚樺以為真實的利益均霑，他的理論不難，「大家都能享受這個平臺，使用這個空間，就會在意它是否存在，為平臺發聲，我們不吝惜分享大家的東西，他多了一個曝光的機會，就會很在意我會不會活下來。」業界打滾多年，他自有一套對

三餘實踐在地型書店使命相當徹底，各種地方刊物醒目擺置。

在地型書店的看法，重點在於「不是你想開這個書店就存在，而是那個城市的人想要你存在，書店才出現。」因此，他更在意這間書店能否讓高雄提升，當民眾感受到生活中放進這個空間於己有益，自然會支持書店存在，對尚樺而言「這反而是更功利的算法，民眾也許不會想像到這個功利，可是他很清楚支持你是因為你的存在，會讓我的生活越來越好，這才是重點。」

不過，尚樺的「共好」顯然做的比說的還多，如今「三餘書店」不只是被周遭人們喜歡的存在，它的步伐已然邁向更遠，幾乎整個大高雄都有他們的走讀與合作足跡，盛名遠播，連日本NHK都曾來採訪，外縣市的桃園、臺中、屏東也來邀請開設分店，婉拒的理由很簡單「對當地不熟。」這又回到在地型書店「深蹲」的概念，當初開店看似熱血，五位創辦人實則早已積極參與地方多年，書店之於他們並非一時興起的產物。然而對於各方請託，尚樺往往不自禁「佛祖」上身，貢獻經驗為人作嫁，搞得自己多頭燒，對此，宥臻描述得很有臨場感「人家問，他就答。」不過尚樺自有一套行事邏輯「當初開店是大家的種子，錢是別人出的，資源是別人給的，活動也仰賴眾人協助分享。」簡言之，今日種種作為，都是「還人情」的社會回饋。

以書店為媒介，為土地服務，將陪伴與互動視為在地書店的使命

這些年，尚樺償還人情範圍越來越廣，接踵而至「沒完沒了」，面對追隨者，他總相勸「走自己的路，不要複製三餘的名字。」然後，投注自己的時間與經驗陪伴一段；或者，為其他書店成立計畫出主意，找立足點，協助與地方連結。然而，最讓我們嘖嘖稱奇的是，高雄「in 89電影院」找上「三餘」合作，打造「電影院裡的書店」，尚樺卻非常「不本位」地認為位於駁二的電影院，就地理接近性來說，更適合與只有一海之隔的另間書店「旗津thák冊」結合，因而邀集同行、獨立出版的朋友與在地文史工作者，共同開展這項別開生面的計畫，因應駁二的文青風，型塑有別於「三餘書店」的格調，如今三餘的分靈體「in books」，重新定義了電影院與書店的內涵，觀影民眾可以「在書店等待一場電影的開始」，原本只負責售票、賣爆米花的電影院員工，也能參與書店事務，為來客推薦自己的選書，創造「受肯定」的工作成就感。

「三餘書店」向窗外探頭，天馬行空，創意多元，因人因時因地制宜，核心聚焦「為土地服務」，他們到各地走讀「用故事換故事」，以書店為媒介，廣泛與各界互通，足跡遠至日本，在大阪書展主打「高雄特集」，並自製日文版刊物，若非受困疫情，原本在東京日本橋也能見到他們致力文化交流的蹤影。

店內提供座位，讓讀者靜謐享受三餘時光。

透過書店載體，能做的事很多，尚樺說「客人不進來，我們就走出去。」從閱讀出發，轉譯書本內容，「三餘頁行」最成功的實踐經驗之一，當屬二〇一八年《單車失竊記》科遊展，在書店外的展區，透過聲光、3D投影、美術設計，完整呈現小說場景，情節裡的高雄元素，巧妙連結文學與在地，讓參與者藉由體驗產生共鳴，一本好書透過不同方式詮釋「讓沒看過的人好奇，原本的讀者群再有第二次感受。」便是策展價值。

兩人口中這件「覺得很酷，但正常書店不會做的事。」為他們帶來榮光，尤其隔年《苦雨之地》在北美館雙年展「後自然」展出，之後，《複眼人》改編為舞臺劇，影集《天橋上的魔術師》重現當年中華商場，引發熱潮，在在都讓尚樺與宥臻不禁自豪「我們是轉譯吳明益老師作品的第一場次。」同時，為了讓更多人得以體驗文學魅力，《單車失竊記》科遊展再拆成「迷你版」，巡迴六龜、梓官、蚵寮等地展出，下鄉閱讀分享，帶來激發，「三餘」始終將陪伴與互動視為在地書店的使命。

忙中有「一餘」，小小的短暫時間，也能充實度過

「這間書店麻煩的地方，也在這裡，常有人問我，你們跟想像中的書店很不一樣，到底什麼是書店？」尚樺不否認，自己必須經常回應類似質疑，他的答案是「在不同的地理環境，書店的概念和意義也不一樣。」他認為「在地方，書店傾向交流平臺，在都會區如臺北，需要的可能是書籍的多元性與數量。」

事實上，論書籍質量，「三餘書店」也堪稱飽滿，只不過他們的取捨標準與動線邏輯自成一格，入口熱區讓給新秀與獨立出版，主題書區也未必鋪滿新書，除了隨活動、講座調整內容，還經常暗藏店長「再給某些書一次機會」的小心思，宥臻善待每一本看到的書，因為「那代表自己的眼光。」深耕多年，她懂「三餘」的顧客輪廓，文學、社科是讀者所愛，正巧也是自己的強項，當然，店長擁有某種「特權」，《單車失竊記》科遊展

二樓陳列文創商品，並設置閱覽區，氣氛閒適有餘，歡迎來坐坐。

早已落幕，東華大學畢業的她還是將「恩師」吳明益的作品醒目擺放。走上二樓，是另一個風格自由的書區，藝術、繪本、漫畫，滿足其他類型讀者需求，空間並且友善地提供給書店同業，寄售獨立發行的書刊，這裡另有一份「獨家」內容《TOFU誌》，是「三餘書店」與福興企業合作的員工刊物，實用主題加書籍介紹專文，輕薄有料好刊物，又是書店業務斜槓再加一。

臨走前，尚樺附贈我一份「三餘」店名新解好禮，現代化詮釋「如果連冬天、夜晚、雨天這三個閒餘都沒有，還是歡迎進來書店三十分鐘，收穫一點知識或心得。」忙中有「一餘」，小小的短暫時間，也能充實度過。

MANAGER'S TALK

「三餘書店」不只是一間書店。

OWNER'S TALK

「三餘」是管山又管海，不像書店的書店。

MANAGER'S INFO

盧宥臻

宥臻曾任職連鎖書店，扎實的訓練體現在「三餘書店」現場，有紀律又有創新。對宥臻而言，每本書都代表自己的品味眼光，她善待選書，經常挪移位置，期待作者的心血都有被看見的機會，為作品與讀者創造雙贏。

OWNER'S INFO

鍾尚樺

尚樺因書店實務經驗豐富，順勢扛下初代店長重任，至今攬上身的事，族繁不及備載，眾人背地裡戲謔稱他「佛祖」。只因感念當初開店仰賴眾人協助，對他而言，今日種種作為，都是「還人情」的社會回饋。

MY BOOKCASE

店主私房書

自稱愛幻想的人，尚樺國中時期就看完倪匡系列，一路沉迷科幻、推理，精神面紓壓放鬆，興趣上結合遊戲與動漫，想像力無遠弗屆。

OWNER 鍾尚樺

1

2

3

《FIX》
臥斧
衛城出版
2017

《單車失竊記》
吳明益
麥田
2016

《一級玩家》
恩斯特．克萊恩
郭寶蓮 譯
麥田
2016

店長私房書

從童年讀到成年的床頭書，宥臻從黑柳徹子的故事裡，學會尊重、包容、接納不同個體，一如現下的工作精神，不受侷限，讓各種可能在書店發生。

MANAGER 盧宥臻

《窗口邊的小荳荳》
（三十週年紀念版）
黑柳徹子，岩崎知弘 繪，王蘊潔 譯
親子天下
2015

慶齡帶走的一本書

「三餘書店」熱情推薦的詩集，年輕詩人真誠又虛無，浪漫且危險，體會新世代作家對生命的詮釋。

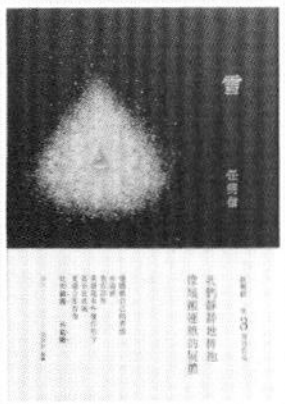

《雪》
任明信
大田
2019

AUTHOR 慶齡

勝利星村之一

永勝5號

是獨立書店，也是微型文學館的張曉風舊居

DATA
Add 屏東市永勝巷5號
Tel 08-7329485
FB 永勝5號

來去國境之南，總是行色匆匆，公務行程的快閃特色，限制時間又壓縮心情，感覺已經許久沒好好端詳過墾丁以外的南國風貌了。

二〇一八年，難得《名人書房》節目繞行到南臺灣，走了趟「南國青鳥」書店，這才知曉，從前匯聚諸多名人的屏東市「勝利新村」已經煥然一新，在縣政府規畫下，搖身變成大受觀光客歡迎的「勝利星村創意生活園區」，當時造訪的「南國青鳥」所在地即為昔年孫立人將軍的官舍。大疫中宅居年餘總算出門放風，南下再訪「勝利星村」，園區更具規模，書香飄散更濃，號稱全臺獨立書店最密集的區域，這回，我直奔少時啟蒙者之一，文學作家張曉風的舊居「永勝5號」。

一九五四年，少女張曉風隨父親南調，從北一女轉學

到屏東女中，舉家遷入的屏東市勝利路永勝巷5號，是張曉風口中「我一直會記得的家的名字。」一代作家的文學生涯由此展開。歲月悠悠一甲子，政策活化眷村，老屋褪去斑駁換上新裝，容顏回春，文風依然，連進駐的書店名稱「永勝5號」都維持舊時樣，定調「文學基地」向張曉風致敬。

承租此處的是屏東在地作家郭漢辰與妻子翁禎霞，原為記者的兩人本就是文藝愛好者，有段日子，郭漢辰一手寫報導、一手寫文學，然而，內在熾盛的文學魂更甚新聞魂，他等不及退休提早離開報社專事寫作，是當地頗負盛名的全方位文學作家，後來有緣協助參與張曉風在屏東的紀錄片製作，對於文學偶像「生命中最長久的記憶，也是最深刻的一棟房子。」油然而生使命感，當下即暗自想著「如果可能，將來有一天一定要承租這房子。」機會，總是留給準備好的人，營運計畫通過審核，郭老師夫妻倆進駐前輩作家張曉風的創作起點，接力構築自己的文學夢。

作家的生命記憶無意間點燃了屏東的文學火把，而聖火臺就是「永勝5號」

「永勝5號」是我見過極少數的文學主題書店，房子的新主人（承租人）充分理解這類書店經營不易，賣書，只是功能之一，這裡真正的期許當是「微型文學館」，尋知音，聚文氣，因此

作家張曉風昔日舊居，眷村老宅花木扶疏，如今變身為文學書屋。

屏東在地作家郭漢辰於張曉風舊居創建的「永勝5號」，是書店，也是微型文學館。

二〇一九年甫開幕便積極推動各方文學交流，郭老師頻繁往返高鐵站親自接送演講者，打趣自封為「大師的計程車司機」，他的車，載過大作家張曉風、詩人李敏勇等人，一輛車、一間書店、一股熱忱以文會友，那半年，凝結了郭老師生前最美麗的文學時光。

師母翁禎霞承繼丈夫遺願，三年來堅強地獨自克服萬難挺過百年大疫，在夾縫中步步為營完善「永勝5號」，提及書店經營種種，她總自謙是「還在學習的人」，疫情困頓，她沒讓自己和書店停滯，反而善加利用這段時間摸索前進，過去那支記者的利筆，現在正好用為書店與外界溝通的最佳文案，她勤寫臉書粉專，除了每月作家介紹與展覽資訊，好書推薦也更新快速，女兒調侃「妳是把臉書當即時新聞發嗎？」點出職業病，讓她不禁莞爾，喜愛書寫的人，就是這麼熱中透過文字溝通，社群平臺使用電腦打字是與數位時代妥協的不得不然，禎霞真正享受的其實是筆尖縱橫紙上那份抒發快意，自己愛寫，也鼓勵人們多寫，「永勝5號」最大的賣點之一即為店主精心打造的「寫字房」，饒富意義的空間不是其他，正是當年文學少女張曉風的房間。

翁禎霞承襲丈夫遺願經營書屋，善用昔日寫報導的專長，積極向外推廣「永勝5號」。

必訪「曉風書房」，用五感親身體驗大作家寫下雋永名言時的所思所覺

踏進「永勝5號」，必去「曉風書房」，為了重現原初風貌，店主可是煞費苦心，認真考據了當年屋內布置，現今書桌擺放的位置，確確實實落在當年張曉風伏案寫作的方位，書店開幕的第一場活動，就選在這六十多年前擠了四姊妹的小房間隆重舉辦，請來作家本人重回舊居為讀者簽名，滿室感動溫馨，現場迴響之熱烈，提問內容之深入，超乎店主預期，相隔兩世代的屏中年輕學子們，圍坐在「教科書上走出來的作家」身旁，孺慕之情溢於言表，已經年過八十的張曉風回望青澀年少，留下感性文字給昔時的自己「親愛的昔日的曉風，你還好嗎？我來問候你呢！今日之曉風。」致青春，三言兩語道盡，竟教我看著熱淚盈眶。

錯過當天與大師面對面的機會，至少，我們仍然有幸在作家房間提筆寫稿，滿足內心小小虛榮。店主鼓勵顧客在桌上稿紙留言，寫滿五百字，贈送明信片一張，外來客若有心書寫明信片，外廳也貼心設置「時光信箱」的投遞服務，不過剛開始，不習慣提筆寫字的現代人多少彆扭，也有人將五百字數視為天書而無法動作，禎霞總是婉言勸說：「試試看，寫了就會有感覺。」果然，半推

禎霞鼓勵大家書寫，特設時光信箱，每個月挪移郵遞抽屜，最上一格就是當月寄出。

曉風書房裡陳列作家一生的文學創作，並佐以文字說明。

張曉風少女時期的房間，也是她創作的起點，復刻重現。

半就之後振筆疾書的大有人在，累積至今，龍飛鳳舞的手寫稿已然填滿書桌兩格抽屜，印證了禎霞的理論：「書寫這件事會鎮壓亂竄的靈魂。」

她在整理來客手稿時，經常閃現各種心情，進入人們的喜樂哀愁，曾經，看到兩名年輕男女，分別在此留下失戀的苦澀，不禁浮想聯翩「這該不會是幾米《向左走向右走》的真人版吧？」「還是兩個各自失意的人，要不要介紹他們認識？」有時候，也會被顧客留言逗開懷，例如一位曾受教張曉風的學生，述及當年差點被老師當掉通知補考的往事，促狹寫道「這一生能向人說嘴的豐功偉業少有，但讓臺灣名文學家致電補考一事，想是不多人有。」這篇〈老師好〉幽默憶往，另類尊師之道引發眾人捧腹大笑，文學的房子頓時歡愉了起來。

既然，都到此一遊了，我也入境隨俗留點雪泥鴻爪吧！正襟危坐桌前，原本只想擺擺樣子，一下筆，竟不明所以地文學魂上身，稍不留神就寫足滿滿一張稿紙，嗯，可以去領明信片獎品了！至於我寫的「炫耀文」內容為何？回家後自己也記不得了，唯獨印象深刻的是不忘呼喚同伴為我留影存證，傳訊回家高喊「媽，姊，我在張曉風的書房寫字耶！」我知道，這舉動很膚淺，不過年少時看的那本張曉風成名作《地毯的那一端》，真是從姊姊書架偷偷取來翻閱的，身處作家的產

每張稿紙、每張明信片，都有說不盡的故事與心緒。

地，怎能不知會當年供書借閱的苦主聊表敬意呢！

推動文學也推廣在地文化，店內選書不乏故鄉人文與創作，藉此傳達意念與關懷

我們這種觀光客讀者，在「永勝5號」是見怪不怪的常態，對店主而言，兼具喜劇效果與療癒作用，禎霞總能「在那張書桌找到繼續經營的力量。」世間之情，她從字裡行間體會觸動，曾有母女顧客三人行經此地，分別寫下結伴環島旅行相親相愛的心情；刻意挑平日前來避開人潮的讀者，獨享作家書房，一待就是好幾個小時；還有擠不進書房的讀者，特意取出稿紙到前廳書寫，凡此種種都使她「得到超過錢的價值。」紙上交流，誠摯分享，未來，她要加添更多書寫工具，讓書桌的情意一直綿延下去。

「曉風書房」裡有書桌紙筆，也彙集了文學家窮盡一生的精彩創作，同時留存她重要的人生風景，全家福、畢業照、婚紗照、文壇友人合影等，張張珍貴，其中一張作家群像吸引了我們的注意力，影中人包括昨日當他們年輕時的張曉風、蔣動、席慕蓉、隱地、楚戈、馬森、愛亞和龍應台，那一代的文學身影成就了我們這代人的文藝嚮往，入目一時悸動，哇，是青春啊！

我還特別喜歡這間書房通往戶外的簷廊，建於一九三〇年代的日式房舍，歷經時

間與風雨摧折，緣側早已破敗不堪，當初接手承租，店主有心，耗資整修回復庭園，並在嶄新長廊細心擺放軟綿坐墊與小茶几，就著明燦陽光拿本書席地小讀片刻，閒適浪漫莫過於此，園中植栽亦是歷史見證者，張曉風父親一甲子前栽種的白蘭依舊健在，當年與孩童個頭一般高的小樟樹已然長成盛年大樹，芒果樹夏日裡持續結果，屋內人間聚散來去，花果樹木靜默注視兀自生長，始終在原地守候。

所幸，老屋曾經滄桑卻未頹圮，而今受新主人悉心呵護，古樸中見新意，「永勝5號」開店至今，張曉風已多次歸返故里，深表欣慰，禎霞念茲在茲要讓這裡「更像作家的家」，每年設定主題，為讀者安排機會接觸不同作家與文化工作者，二〇二一年「電影」主題，請來影評第一把交椅藍祖蔚與海洋作家廖鴻基開講，二〇二二年主打「夢想」，則邀請屏東在地的「種子舞團」跟讀者交流，身為屏東子弟，她在書店推動文學也推廣在地文化，店內選書不乏故鄉人文與創作，「永勝5號」創辦人郭漢辰的作品是必然重點之一，他的文學之志體現在小說、散文與現代詩各類文體當中，生前雖以「沒有掌聲的前進者」比喻創作寂寞，然而，他用生命築成的文字天地如今集結在這文學之家，靈魂共振精彩綻放。

書架上，禎霞也保留著郭老師喜愛的文學系列，持續與讀者對話，經典、通俗、國內外兼備，「永勝5號」如同許多書店同業，將書架視為策展的地方，藉書傳達意念與關懷，禎霞習於把「自己喜歡的、想看的、不知道的書」作為溝通主體，曾經當了二十八年記者的她「雜食」成性，嗅覺敏銳，四面八方蒐羅書訊，她向我透露「看完名人書房訪問郭強生那集，立刻進他的著作以及在節目中的推薦書。」何其榮幸，我們《名人書房》節目竟能成為書店主人的靈感來源，尤其，在這兩代文學作家交會互放光亮的寓所，一次美好的相遇，意猶未盡，來日南行必當再訪，重溫「花樹芬芳，文學盛放」的有情滋味。

OWNER'S TALK

獨立書店是文學活動的推廣平臺，也是作家與讀者最好的連結點。

OWNER'S INFO

翁禎霞

原為記者的郭漢辰與翁禎霞夫妻倆，本身就是文學魂熾盛的業餘作家，最後甚至拋下正職提早退休，一手寫文章，一手為屏東人構築文學基地，在張曉風的舊居傳唱文藝之美。

MY BOOKCASE

OWNER 翁禎霞

店主私房書

迷茫時，看丈夫的書會找到答案；不知如何寫作時，看吳明益的書提煉靈感；在文學中體驗飲食與親情的滋味，禎霞心靈的雜食進補，很充實。

1

《沿著山的光影》
郭漢辰
屏東縣政府文化局
2013

2

《天橋上的魔術師》
吳明益，Via方采頤 繪
夏日出版
2011

3

《紅燜廚娘》
蔡珠兒
聯合文學
2005

4

《老派少女購物路線》
洪愛珠
遠流
2021

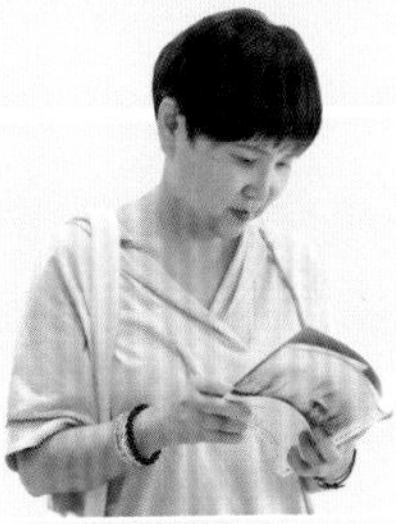

AUTHOR 慶齡

慶齡帶走的兩本書

在這裡，帶走一本以上的書是必要的，以再版的成名作回顧文學大家啟蒙的青春歲月，用書店創辦人的小說首作向不朽的靈魂致敬。

《地毯的那一端》
張曉風
九歌
2011

《封城之日》
郭漢辰
寶瓶文化
2006

勝利星村之二

小陽。日栽書屋

「日得知．識成林」，溫暖熱情的小太陽

DATA

Add 屏東市清營巷1號
Mail hilda4503@gmail.com
FB 小陽。日栽書屋

「小陽。日栽書屋」是最早進駐「勝利星村」的獨立書店。

初來乍到的讀者，可能同我一樣，以為「小陽。日栽」意指南國豔陽與滿園綠蔭，這番想像沒有偏離主題卻少了點創意深度，根據主人依芸說文解字，「小陽」非熾陽也，實質內涵為「熱情溫暖的南國陽光與光明開朗的屏東人」，至於「日栽」也有雙重指涉，既有澆灌花草植物之實，也意味閱讀如植栽，每天讀書，日積月累，知識才會像林木一樣繁盛，而書本紙張本就來自樹木，店名結合概念因而延伸出書店slogan「日得知．識成林」。

可以想見，以栽種知識為信念，創造出這種標題的「小陽。日栽書屋」店主，必定是個日日不輟的嗜讀之人，必然惶恐不讀書面目可憎。的確，依芸本身就是書店精神的具體表徵，這位

小書店裡的閱覽室，
雖由舊物件組成，但
清潔又舒適。

書屋裡依然保留眷村
老屋的格局與氛圍，
別有一番風景。

主人依芸搶救回不少當年眷村老元素，努力為屏東留記憶。

「開朗熱情的屏東人」宛如南國發光體，發揮生命熱力照亮「小陽。日栽書屋」，談及閱讀人事物滔滔不絕，神情專注光芒四射，她真的愛書成癡，為了全心經營書店，竟然捨棄捧了十多年的鐵飯碗，毅然走出舒適圈，而整件事情的源頭，要從眷村老屋談起。

早在「勝利星村創意生活園區」尚未整體規畫招商之前，一群熱血的文史工作者已經聞風先至，積極展開「搶救眷村大作戰」，依芸透過朋友得知，清營巷1號的原住戶施伯伯，上校退伍，長居在此逾四十載，萬般不捨記憶消失，她於是懷著滿腔熱忱與朋友一起投標承租，保存眷舍，儘管老屋和伯伯一樣都高齡八十多了，但是屋況維持良好，尤其原狀保存至今的地磚完全符合她「老靈魂」的品味，三個夥伴就這麼成了護持清營巷1號的新主人。

依芸是閩南加客家土生土長的屏東子弟，眷村不是她的家，挺身奔走只為「沒有了歷史現場，就無法說屏東的故事。」然而，命運的安排總是微妙，往往暗伏在人生需要抉擇的時刻。在屏東大學做了十四年行政，依芸原本過著朝九晚五的安穩小日子，孰料，她最重要的精神食糧——書店，竟一間間關門大吉，尤其從小買到大的博克書店吹熄燈號，讓她最是心痛「失落感很重，實在無法忍受屏東快要沒有書店了。」一心一橫，她索性辭去穩定的學校工作，將兩樣念茲在茲的重要元素：眷村老屋與實體書店結合，從此展開書店的奇幻旅程。

整理打掃一點都不「清營」，儘管位在巷尾1號，知名作家的光仍照進門楣

旁人看來，這個高風險決定未免衝動，不過對依芸來說，「開書店」一直是心中隱約的夢想，當共同承租老屋的朋友另有生涯規畫退出，種種機緣巧合，似乎都在向她招手圓夢，下定決心，人生換場，行政人員走出學校辦公室，進入眷村老宅，挽起袖子苦幹實做，從硬體到軟件，樣樣皆挑戰。

行動實踐，考驗人的耐受力，「清營巷1號」整理起來著實一點都不「輕盈」，離臺語諧音「清閒」差距更遠，最勞其筋骨的粗工，莫過於處理後院那一大片長得比人還高的荒煙漫草，別看眼前綠草如茵花木扶疏，浪漫的代價都是體力活，店主當初先是費了大半年時間與荒蕪奮戰，好不容易才完成前期作業，但，這只是起點，偌大草坪後續維護才是日常苦役，我在院落瞥見一具專業級除草機，光目測就驚心退避，缺乏肌力的弱女子如我絕對駕馭不了，然而，使勁推著它來回除草卻是依芸書店人生的例行公事。還有，爬滿外牆和窗框的薜荔，每回都得花上兩天手動裁剪，前屋後院才能完成一輪，依芸形容書店是她的「完全工作室」，忙完戶外，轉身清理室內，在熾熱的南臺灣，每天都要汗濕兩件衣服。

主人的勤奮體現於環境，進入主屋也能感受得到，書店屋體雖然老舊，但室內光潔一塵不染，老物件當擺設，件件擦得晶亮，依芸自豪地說：「我這裡，連廁所都清潔溜溜。」一人書店，精心維護到這般田地，我已經五體投地，但店主十八般武藝還有高招，她極力邀我坐上櫃檯前的吧檯椅，幅度符合人體工學，十分舒適，原來這椅子竟是她親手做的木工成品，驚呼一聲，我差點從椅子上跌下來，到底，這麼充沛的生命動能從何而來？或許「小陽。日栽書屋」本身就是唯一的答案吧！我想。

無災無難 順遂平安

雖然地址標示「1號」，但房子其實坐落在巷弄最深處，就生意場來說，並不具備傳統認知的地利，不過，巷尾邊間卻也得天獨厚坐擁大片草坪綠地，在店主依芸「日日勤栽」揮汗照料下，如今已是滿園濃翠生機盎然，遼闊的戶外場地，恰好提供書店舉辦活動的絕佳舞臺，只要一鍵搜尋「小陽。日栽書屋」，網路之神會從這個關鍵字連結到一長串來過此地的藝文名人，諸如蔣動、簡媜、陳綺貞等，個個如雷貫耳，小書店開到名氣如此響亮，依芸始料未及。

老宅的木造環境為音樂演奏製造極佳的共鳴效果，主流、非主流的樂音都在此環繞

說起來，店主首先該感謝自己的好人緣吧！創業維艱，多虧身邊好友群策群力，貢獻所長，為當初沒沒無聞的書店開辦幾場活動，社群貼文分享吸引了媒體注意，前來採訪，雖然報導聚焦在「為什麼現在還有人要開書店？」不過當時，被關注是件好事，「大大樹音樂圖像」主動聯繫想來此辦活動，令她喜出望外，自己架上收藏的第一張非主流音樂CD愛爾蘭民謠，正巧就是大大樹發行，莫非人生因緣早有定數？而眷村老宅的木造環境，為音樂演奏自然製造極佳共鳴效果，加上小

陳綺貞演唱會就在這塊草坪舉行，對主人來說，一切辛苦都值了。

小陽詩歌節，抄詩於紙貼在窗上，透著日光讀詩，好不浪漫。

空間拉近表演者與聽眾之間的距離，感染力滲透更強，「小陽。日栽書屋」一連串美好際遇從此超展開，不可思議的緣分接續進入依芸生命當中。

先是金曲客家歌手羅思容貼文留言「好特別的地方，我也要去。」之後，另一位超級偶像陳綺貞也翩然而至，依芸在朋友鼓勵下，寄件到唱片公司參加陳綺貞「獨立書店巡迴」甄選，抱著渺茫希望卻雀屏中選，於是，「陳綺貞草地音樂會」就在那片讓她流血流汗的草坪上開唱，讓依芸留下永生難忘的印記。

開幕至今，「小陽。日栽書屋」舉辦過的活動多不勝數：與西班牙共舞、小陽植物季、小陽音樂節、小陽閱讀季、陽臺季，每場活動都反映主人對土地與人文的關懷，沒有一次不傾盡全力讓活動臻於完美，依芸是老闆加企畫、執行製作和場務，永遠校長兼撞鐘，分飾多角忙裡忙外，熱情務實的精神讓她備受貴賓與來客肯定，用書店結交了不少朋友，張貼在牆上的高質感活動海報，就出自「顧客變朋友」的專業手筆，人家可是電影美術設計呢！

開設書店收穫友誼，其中最大的好友禮包，應當是意外成了名作家簡媜的「line好友」！話說從頭，那一年書店捉襟見肘之際，「聯發科教育基金會」計畫補助獨立書店，「小陽。日栽書屋」獲選其中之一，不辜負企業善心與自身好運氣，店主洋洋灑灑列出心儀作家名單發出邀請，回想當時，依芸仍難掩激動地說：「收到主旨為簡媜來信的回函，以為一定會看到不克前往之類的答覆，沒想到點開內容，老師居然寫著感謝邀請，歡喜赴約。」意外的驚喜，令她興奮難以自己，彷彿又是一次命定機緣，依芸說：「簡媜老師是我多年前就許下心願，這一生一定要見她一面的作家。」

美夢成真，得見偶像，依芸開口直呼「老師，你是我的五月天。」真誠直率，令我笑到飆淚。讀者情真，作家意切，依芸一句「老師，沒收到你回信，我好緊張。」居然換來「不用緊張，你加我line好了。」料想不到的回饋，令她當場樂開懷，書店人生，如此美麗！

這場知音相會，未完待續，隔年，簡媜新作《陪我散步吧》以感性文字記錄這場屏東小旅行，依芸簡直無法置信，自己的「小陽。日栽書屋」有朝一日竟能成為偶像筆下題材，並且「是完整獨立的一篇耶！」她開心翻開書頁與我分享喜悅，感受著她的真性情，臨走時，我買下了這本行文優美的《陪我散步吧》。

簡媜喜歡的南國書屋，蔣勳、劉克襄、姚謙也來了

「以前，看著書架上的書，我就常想著，如果有一天能夠見到這些作家多好！」依芸說，屏東不比臺北資源豐沛，從前也沒有高

一屋子書都是依芸看過後才上架，全數買斷，成本壓力不小。

鐵，青春年少的心願，是遙不可及的幻夢，多年以後，便捷交通形成南北一日生活圈，而她，有了一個可以利用的書店空間，請來劉克襄談生態與文學，邀約最會寫情歌的姚謙聊作詞，並善盡地主之誼，帶著姚老師遊潮州，全心全意接待每一位她仰慕的天神貴賓，《天下雜誌》前來採訪問道：「還想邀請誰來？」她羞澀說出「蔣勳」的名字，不抱期待自覺「妄想」，但採訪記者友善回應「我幫你寫到他來。」於是，雜誌出現了這標題「連簡媜老師都喜歡的南國書屋，期待蔣勳老師的到來。」

縱然已經是過去式，依芸如今道來還是好生害臊，「是很開心，但是這標題，唉呦，我自己都不好意思轉發。」不打緊，店主的願望自有他人代為轉達，是的，蔣勳老師真的來了，昔時在鳳山服兵役，蔣老師與當年的「勝利新村」頗有淵源，好友姊姊夫妻都是住居此區的空軍軍官，休假時經常與好友前來拜訪、吃水餃，舊地重遊憶拾往事，「小陽。日栽書屋」勾起大師多少回憶。

清營巷1號的原住戶施伯伯也數次回到老屋憶往，對於店主將自己珍視多年的「家」，整頓得如此潔淨有序書香滿盈，欣慰表示「這裡找到了更不錯的主人。」北上之前，施伯伯特地應邀來到舊居，配合拍攝侯季然導演為「小陽。日栽書屋」製作的短片，「愛惜屋子的人，心意相通。」依芸由衷感恩。

老屋、花草、書冊與一份純粹的心意，構築了「小陽。日栽書屋」這個溫馨小天地，從二〇一五年耕耘至今，它累積出聲量、知名度，卻無法積攢太多盈餘，任何店主都心知肚明「書店，很難賺錢。」何況，「小陽。日栽書屋」店裡所有的書都由店主買斷，無從退書，成本壓力驚人。事實上，當我得知依芸買斷這一屋子的書，也詫異地說不出話來，但主人卻比我們旁人心態自在得多，她這麼做，只為一個理由「不忍心」，依芸眼中「這些都是自己喜歡，也值得被看的書。」不該退也不能退，店內所有書，幾乎全是她自己先讀過，認為值得推薦才買來上架，驚人的閱讀量讓她足以應對任何來找書的顧客，也帶來肩背痠痛的副作用，就醫問診時，連醫生都對於「這年頭還會有人看書看到肩膀痛。」嘖嘖稱奇。

老闆窮到出不了國，書店名聲卻跟著華航機上雜誌飛到世界各地

從店內書類繁多，可以得知主人讀得很雜，依芸選書的連結法與我相熟的幾位重度閱讀人雷同，他們自嘲為「沒完沒了」，例如讀到村上春樹看《大亨小傳》，便跟著作者的書中書延伸觸角，讀了費茲傑羅又去搜尋同時期的其他名家，閱讀網無限擴大。當年坐在爸爸機車上把報紙社會版當推理小說看，整個暑假泡在父親買來的《漢聲小百科》和《中國童話故事全集》裡，小學生依芸儼然已是文藝兒童，長大後，加入校刊社，社辦內全系列的「洪雅」、「九歌」、「洪範」叢書自由借閱充實青春，而今坐擁群書，鎮日與文字為伍，或許真是冥冥之中自有安排。

然而，比起從前待辦公室吹冷氣的好時光，書店生涯實在勞累又清苦得多，過去工作之餘動輒與友人聚餐，在外吃香喝辣，現在傍晚只要母親問道「有煮晚餐，要回來吃嗎？」依芸馬上飛奔回家吃免費的。至於寒暑假出國旅遊，開書店後已成追憶，只能對臉書上昔日旅伴的度假圖文按讚，望梅止渴

一番，有趣的是「一個書店老闆窮到出不了國，但書店卻跟著華航機上雜誌，飛到世界各地。」

事情原委，其實連店主本人至今也不甚了解，總之，就是某位從日本回臺的顧客，翻看了機上雜誌之後按圖索驥，登門拜訪「以前小學同學的家」，依芸一頭霧水，央請朋友搭機出國時向航空公司索求一本，這才得知，原來《花甲男孩》作者楊富閔為文撰寫的《書店本事》，成了機上雜誌素材，偏偏選中刊登的一篇正是「小陽。日栽書屋」，不知情的快樂帶來加乘效果，彌補了這些年撙節支出無法遨遊海外的缺憾。

我們好奇「重來一次，還會選擇這樣的人生嗎？」依芸毫不遲疑回答「當然會。」學校老師來訪，數次問她「是否想回去上班？」她也微笑婉拒，書店帶給她意想不到的收穫「賺到自由，又把遙不可及的人帶到我面前，萬芳耶，我那麼愛她的歌，還有，居然能近距離看到蔣勳老師的睫毛眨呀眨的！」超級率真的依芸，貌似快人快語，內在卻包裹著細膩心思，擔心我們正午過後還沒用餐會餓肚子，她悄悄騎車到附近買了三捲潤餅，尾隨我們到區內另間書店，快遞午餐隨即閃離，除了自家的味道，包覆著濃郁人情的潤餅，真是我此生吃過的美味之最，在這位一念單純的閱讀人身上，我看到了「小陽」照亮生命的晶光閃耀。

OWNER'S TALK

喜歡書店像一個家的樣子，讓每個進來的人都能輕鬆、無壓迫感的看書。

OWNER'S INFO

依芸

土生土長的屏東子弟，性格真誠率直，秉著「保留歷史現場以訴說屏東故事」的心情，捨棄了鐵飯碗的大學工作、出國度假，隨日昇日落，放射熱情地耕耘一個人的書店。

MY BOOKCASE

店主私房書

被書包圍的感覺很幸福，親自踏上旅程去印證知識很美好，依芸熱愛「追尋」，從字裡行間認識世界，找尋自我。

OWNER 依芸

《陪我散步吧》
簡媜
簡媜
2019

《親愛的圖書館》
蘇珊 · 歐琳 ，宋瑛堂 譯
時報
2021

《博物學家的自然創世紀》
安德列雅 · 沃爾芙，陳義仁 譯，
果力文化
2022

慶齡帶走的一本書

跟著簡媜優美流暢的文字，紙上散步走一段回望的小徑，其中，收錄作家與「小陽。日栽書屋」的文學之約，因為，值得記憶。

AUTHOR 慶齡

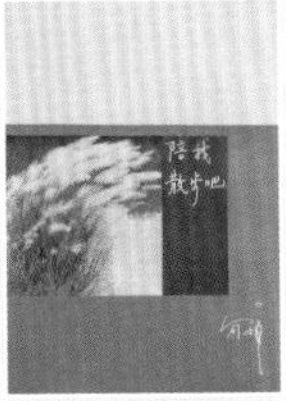

《陪我散步吧》
簡媜
簡媜
2019

勝利星村之三

七木人文空間書房

把老屋營造成棲地的生態主題書店

DATA

Add　屏東市勝義巷7號
Tel　08-7346007
FB　七木・人文空間書房

「勝利星村創意生活園區」內有多家書店，各具理念，風格迥異，其中，位在勝義巷7號的「七木人文空間書房」從外觀到內裝都明白訴說，這是一家生態主題書店。

最初映入我眼簾的是一隻揹著小背包的可愛貓咪，趴在窗邊向內窺探，頗有藝術裝置加實質引導效果，誘引路過人們一起入內探險吧！觀察一陣子，以及詢問店家後發現，高招果然管用，不只是我，許多訪客都對這隻橘色貓咪印象深刻。

如果你是愛貓人，肯定會非常喜歡「勝利星村」，尤其傍晚時分，貓咪出沒最多，生態書店「七木人文空間書房」把握區域特性，藉貓指路，帶入關懷主題「里山」，謀求生物多樣性維護，創造社區與山林交會，達成人類與自然環境共生共好的願景。

七木
ななき
七木人文空間

書店名為「七木」既有自然生態寓意「棲息之地」，也具體描述正好被「七棵樹木」包圍的空間特色，巧合的是，書店所在地門牌號碼也是「七」，所有元素湊在一起，讓這個空間充滿「幸運七」的能量。至於「人文」想當然爾為書店內涵，透過書本知識接觸、了解生態環境，讓有興趣的讀者更深入，似懂非懂的人也能得到啟發。

不過這年頭，實體書店經營不易，特定主題面對的族群更為小眾，「七木人文空間書房」的做法顯然有點「大膽」，然而，老闆李先生跟我們想的不一樣，對於「非主流書店」始終深具好感的他，認為在有多家書店的「勝利星村」，更需要開創自己的獨家特色以為區隔，本身「從小養魚、抓青蛙，喜歡大自然與動植物」，自家書店當然要用來實踐繫念心中的生態關懷。

於是乎，整間「七木人文空間書房」就是個大自然的縮小場域，不只店內書籍九成都與生態相關，所有擺設裝置也很「動植物」，兩面三角旗幟正對大門，分別印著「動物是生命共同體」、「有動物的日子就是好日子」，抬頭仰望，天花板是海洋世界，海龜悠游，魚群吊掛圍繞，配合牆上圖示魚種介紹，進入這個區域彷彿來到真實世界的「海底總動員」，此處最輕鬆的賞玩方式，莫過於把自己丟在懶骨頭上，臥躺仰角綜覽全局又不費力，外行人如我，光看熱鬧也趣味十足，想鑽研的有心人，架上的海洋文學、科普和繪本，文類多元，不同程度與年齡層需求，一次滿足。

有家的感覺，小狗、小牛椅，或是懶骨頭臥坐，任君選擇，看書集福氣

書店外植物沿牆而上，四周也種植許多盆栽，綠意盎然。

轉入右手邊，相對開闊的

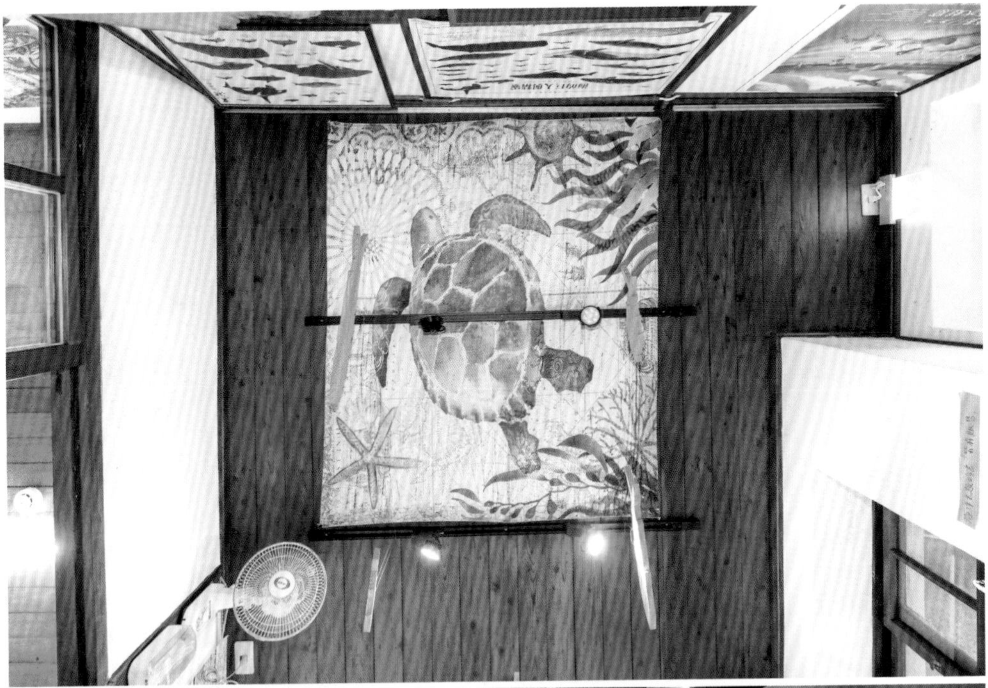

書店內閱覽區彷彿海洋世界，仰躺懶骨頭上看海龜悠游，最是放鬆。

空間是原來老屋的前廳，也是「七木人文空間書房」主要的展區與活動場地，呼應園區「重返歷史現場」的概念，和室矮几與坐墊貫徹日式建物風格，融合得十分巧妙，不過考量本國人盤腿久坐可能雙腳不耐，店主另外貼心設置一般座位區，顧客來此，想怎麼坐，任君選擇。有趣的是，這生態書店連小椅子也要呼應主題，動物造型的小狗、小牛椅煞是可愛，店長秀芬說，假日裡親子顧客不少，擺設和選書多少要「投其所好」，至於特設沙發，則是李老闆的心思「希望客人進來就像回到家的感覺。」

這個「家」，從裡到外都致力推廣生態保育，書店進駐之初，為了搶救門前那株「錫蘭橄欖」費盡氣力，將原來的水泥地改為透氣布置，無奈，多期工程對植物根部傷害太深，終究還是功虧一簣，現今只能保留遺跡供後人追憶想像日治時期的老樹風貌。雖然救不回當年的「錫蘭橄欖」，所幸「蒲葵」還在，儘管生長位置占據綠地空間，老闆笑稱有點「礙眼」，但它的歷史與典故值得細心留存，經由內行人李老闆解說，我才知道原來「蒲葵」是聚集蝙蝠的植物，別往恐怖片想去，真實意涵可是非常光明的「聚福」之意，我這城市鄉巴佬算是長見識了。

作為一家生態主題書店，「七木人文空間書房」的實踐行動當然不僅限花草樹木，「用生態的方法解決環

店裡特別擺放沙發和可愛動物椅，也是為「討客人歡心」，並營造居家的舒適感。

生動立體的展示，兼具裝飾與教育作用，邀請讀者感受豐富的小生態系。

境問題」是老闆的核心理念，這裡沒有殺蟲劑、捕蚊燈，防蚊用天然撇步「養蟾蜍」；南臺灣夏天受登革熱威脅，養孔雀魚有效防治，大自然提供豐富生態系統平衡萬物消長，「七木人文空間書房」善加利用，在人的居處製造生態環境，功能未必一定得防治什麼，把蝌蚪養成青蛙也有精神上的收穫功能，李老闆公務之餘就愛來書店聆聽蛙鳴，恍若置身野外，心情暢快，上班前例行先來巡店澆花，為繁忙的一天拉開序幕，是他解放心靈的紓壓之道。

任何進入書店的有心人，皆有相同機會感受這個豐富的小生態系，相關知識有書輔助，附加多種展示說明，宛如卡通影片上看到的森林橡樹，殼斗科果實松果、栗子果實等一列排開，具有裝飾與教育雙重作用，牆上生態圖像琳瑯滿目，從基礎科普到保育觀念一應俱全，只要願意駐足觀看，回程必能帶走些許知識。其中，一幅近看是山水、遠看為黑熊的山水畫引發我們熱烈討論，同樣的圖像，在不同人眼中各有呈現，將自然環境、人造住屋、保育概念合為一體的創作表意，令人嘆服。

化身友善環境的說客，舉辦黑熊、石虎、穿山甲主題講座，連六歲小孩都被吸引

這些年，保育意識高漲，生態書店當然不能缺席，歷時十一年尋訪熊跡的紀錄片

《黑熊來了》，書店包下一場放映，行動支持，同時在店內舉辦講座，傳達保育的重要性以及生命平等觀，店長秀芬現場觀察，意外發現「很多跟著爸媽來的小朋友聽得非常專心，沒人跑跳、滑手機。」欣慰之餘，秀芬真正感悟到「生態教育必須從小扎根。」在她的經驗中，無論講座主題是臺灣黑熊、石虎還是穿山甲，只要講座內容充實有趣「連六歲的小孩都能全程聽完，津津有味。」寵物熱，或許引發某種親近動物的風潮，然而，生態書店的使命還在於溝通理念，架接橋樑將尊重生命、友善環境的觀念與讀者連結，引進門，就是機會。

因應主流親子來客，「七木人文空間書房」裡有大量兒童繪本，這也是店內銷售最好的主力商品，從陸地到海洋、天空到地面應有盡有，書店位處「勝利星村」，觀光客多於本地人，秀芬店長因此也導入旅遊書籍，她認為旅遊與環境關係密不可分，例如生態作家劉克襄的《小站也有遠方》就創下極佳銷售紀錄，跟著作家體驗每一站的地方風物，十足迎合觀光客旅行中的心情，對於初次經營書店的秀芬店長來說，觀察顧客行為，決定進書與應對策略，助她快速掌握方向，而她選書的品味眼光，確實頗為精準，將人與自然兩相結合，已然初見績效。

曾經在《科學眼》雜誌擔任編輯，秀芬與書刊文字早有淵源，婚後南下長住屏

結合旅遊與生態環境的的書籍，將人與自然結合，也受到大家歡迎。

牆面以不同風格的動植物明信片裝飾，獨具美感。

店裡陳列大量繪本與自然相關的創意商品，歡迎親子一同學習、親近自然。

東，育兒又兼故事媽媽，閱讀經驗未曾中斷，在擔任「七木人文空間書房」店長前，參與高雄「小房子書舖」各項親子閱讀活動和讀書會，等於無意間提早預習了親子內容與兒童繪本，當年的文藝少女，在每個轉換角色的人生階段，拓展閱讀視野，她不諱言，至今，自己還是相對喜愛文學，不過，心態愈加成熟的她，隨著接觸領域開闊，知識分界日漸模糊，讓她得以更放心大膽地擴充書店量能，畢竟「書要跟誰結緣很難說，適當的時間，買它的人就會出現。」

在秀芬眼中，一間生態人文主題書店，人文部分不可忽視，她舉了非常棒的實例，小野的精采之作《走路回家》，千里步道既是山徑也是生命追尋之路，於是秀芬動用自己的人脈請來小野，她知道，一定有知音前來共襄盛舉，果然創造了一次成功的活動交流。

書店店長並非浪漫職務，複合式經營「雜務」更多，平日一人顧店，校長兼撞鐘是常態，難得空閒時，秀芬喜歡在陽光灑落的角落看一會兒書，「在安靜的空間跟安靜的自己在一起。」即使，這樣的機會並不多，但到底是在書的環境裡，對她而言「有興趣的事就不會被瑣事掩蓋。」她樂於身兼粉專小編，為讀者推薦新書與店內商品，廣宣生態講座活動，一方面提倡保育意識，同時藉助活動曝光書店，追蹤臉書粉專會發現，關切活動內容的粉絲還真不少，以二〇二二年底的重頭戲「野望自

科學編輯出身的店長秀芬享受閱讀也推廣透過手作體驗自然，利用天然素材做成日用品與裝飾物。

利用巨幅布面海報與木刻魚群結合窗景，不同材質的空間陳列，感受大海氛圍。

然國際影展」為例，由於面向廣泛，訊息頻繁更新，觀影搭配專家講解，初學者亦能看門道。

對外宣傳同時，「七木人文空間書房」沒忘記書店與社區連絡的任務，透過手作課程凝聚在地情感，以另一種方式體驗自然，延伸生態概念，月桃鞘編織課教授如何使用天然素材製成用品，植物的種子也能做成精美吊飾，包括店長，許多人都是進了書店上課才懂得，如何免費利用大自然取之不盡的資源，在這裡，日常食衣住行都能與自然界連結，堪稱概念明確的實用書店，當年進駐幾乎快成廢墟的眷村小巷，「七木人文空間書房」用自然的氣息，將死巷活絡成了小桃花源。

OWNER'S TALK

沒時間去大自然走走的話，歡迎到「七木人文空間書房」坐坐。

OWNER'S INFO

李老闆

李老闆從小喜歡大自然與動植物，開設一家生態書店以行動展現對土地的關懷，並且親力實踐「用生態方法解決環境問題」的理念：養蟾蜍、蝌蚪、孔雀魚防治蚊蟲，再坐收聆聽蛙鳴之樂。

MY BOOKCASE

MANAGER 秀芬

店長私房書

秀芬愛不釋手買過五個版本的永恆經典，生態先驅梭羅用行動實踐，切換環境思考生命，人不需要太多，讓生命回到最單純、最原始的狀態。

1

2

《湖濱散記》
亨利．梭羅，林麗雪（桫欏）譯
野人
2020

《朝一座生命的山》
李惠貞
維摩舍文教
2018

AUTHOR 慶齡

慶齡帶走的一本書

在生態主題書店遇見山的故事，跟著插畫家走訪島嶼山林，從生動圖文中領受山的祝福。

《山教我的事》
沈恩民
游擊文化
2020

A BOOKSHOP TOUR OF Taiwan 15

沿菊書店

詩人為故鄉土地而開的書店

DATA

Add 澎湖縣馬公市篤行十村新復路1巷1號
Tel 06-9277022
FB 沿菊書店

飄洋過海偽出國，澎湖，久違了！

赤陽灼人，海風帶鹹，沒錯，是熟悉的澎湖味！然而，市容景觀已大大有別於記憶裡的版本，臺北都會生活熟悉的日常：麥當勞、7-11、星巴克、必勝客等，原封不動複製貼上馬公，繁華街區變得有點陌生，我好奇尋找中正路上「學妹家商店」，探訪長輩順道買頂草帽遮陽，卻不見昔日商號蹤影，原址改頭換面為嶄新建築，不知怎地，莫名有股悵然，遙想當年，大學社團一夥人結伴出遊，旅途中盤纏用盡，厚顏直奔學妹家中借款應急，青春印記仍鮮明，時代巨輪飛快的轉速卻把我們拋得老遠了。

清一色的出租機車與造型

雷同的安全帽，占領大半個馬公市區，觀光客成群呼嘯來去，這番熱鬧，之於某些在地人是無窮商機，看在詩人「一筆」眼裡，卻隱含身分認同的憂慮「還沒來得及了解澎湖，它就趕忙撕掉自己的標籤了。」思鄉情濃的他亟欲「找回時光記憶」，收拾行囊，遊子返鄉，先當了十年「說客」引導社區創生，遊走產官學界呼籲文化保存，說了許多話，也寫了許多字之後，他終於明白「別人沒有必要冒著風險，實踐我的理想。」乾脆「撩落去」親身實踐，因為「只有我能證明自己的概念是對的。」他的行動場域，從「沿菊旅行社」出發，主打澎湖人文與深度旅行，後來因緣際會又激盪出「沿菊文

昔日官署變身為澎湖最美的書店，凝聚澎湖文化認同的最佳舞臺。

旅」以及文創空間，我們此行目的地之一，則是「一筆」近期帶給家鄉的最大驚奇「沿菊書店」。

伴隨著一場苦難而生的「沿菊書店」

「沿菊書店」甫開幕，朋友圈已奔相走告「澎湖最美的書店」，腦波很弱的我，光憑美照就深受吸引，但心中也不無懷疑「這種書店連在臺北都生存不易了，在人口稀少的澎湖，活得下去嗎？」實際走訪，發現我著實多慮了，一個平常的周四上午，來客絡繹不絕，純參觀有之，看書、買書有之，人氣出奇暢旺，書店所在的「篤行十村」，整修活化後已成澎湖觀光必遊景點，一早人潮就川流不息，不過，「沿菊書店」可不是能任意出入的空間，百年房舍務須小心維護，「容留數」同時至多二十五人，店家聰明控場，在入口玄關鞋櫃擺放剛好二十五雙拖鞋，開門只要找不到拖鞋可換，代表室內已滿，請耐心稍候片刻，等待一進一出。

根據主人一筆導覽解說，篤行十村是臺灣最早出現的眷村，日治時期留下的房舍，民國三十八年後正好用以安置駐守澎湖的國軍，「沿菊書店」前身曾是日本行政官署，國民政府接收後，增建分割成好幾戶眷舍，書店開幕短短幾個月內，就有五組「前住戶」歸返舊居，年邁的退伍軍人憶拾往日，說不盡的光陰故事，當年大

沿菊書店有兩處場館，島讀館是為澎湖人設置的書店場域。

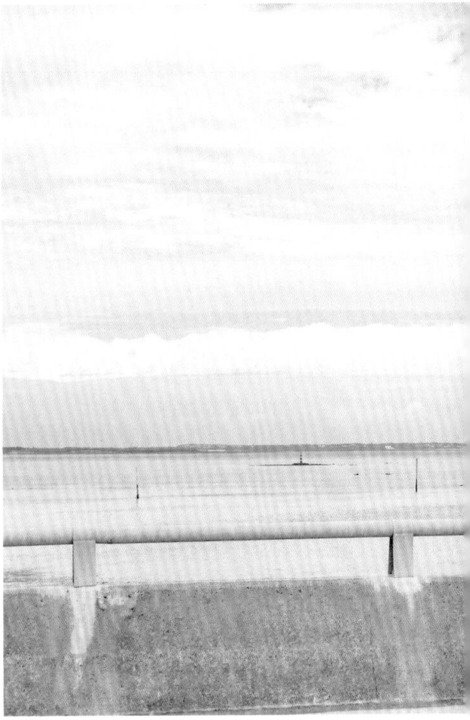

夥兒埋鍋造飯的大灶仍在原地，一位老伯伯指著後院密葉成蔭的榕樹說「那是我種的。」昔時大人樹下乘涼話家常，孩童玩耍盪鞦韆，越過樹叢就是海，家在海邊得天獨厚，踏浪嬉遊，好不快活，澎湖灣除了潘安邦和外婆，還留有許多人的珍貴足印。

榮民伯伯分享書店從前的眷村往事，無意間解開新主人一筆心中多年困惑，感性詩人始終難以釐清自己為何對十八歲以前的記憶如此堅持，高中畢業少小離家時，分明抱著「風蕭蕭兮易水寒」的心態，以為一去便不復還，然而無論外地求學或是工作，心心念念還是故鄉，終於，他從老人家的訴說中，找到了自身的答案，原來，是空間的記憶。澎湖海水的溫度、空氣的味道、天空的顏色，構築了童年，生命的原初，他早已和土地血脈相連密不可分，即使某些同鄉，早已撕去澎湖符號，轉換身分成為「異鄉人」，但一筆明瞭「自己只能與過去融為一體。」

鄉愁，是一筆詩作的重要主題，讀洛夫、鄭愁予的詩長大，他到臺北求學工作同時活躍詩社，並創辦《晨曦詩刊》，高中老師讚賞他文字出采，一筆可撼天下，故取「一筆」為創作筆名，不過，身負文才卻也讓他深刻感受到被貼在身上的歧視與偏見，曾有好事者問「你是澎湖人，竟然會寫詩？」令他哭笑不得。至於真正的「刺激」發生在二〇〇一書店所在的眷舍有多處可見昔日生活痕跡，開店以來已有多位「前住戶」來此憶往。

篤行十村是臺灣最早的眷村，整修活化後已成澎湖必遊景點。

年，「奇比颱風」重創澎湖，一筆人在臺北，得知家鄉斷水斷電斷話，甚至有為數不少的房屋倒塌，他心急如焚，資訊量卻少得可憐，打開電視新聞臺只聚焦在一樁公車挾持案，找不到任何有關澎湖的消息，隔日才終於看到輕描淡寫的災情報導，一筆感慨「我終於真正體會到什麼叫作次等公民，媒體上冰冷的數字是我們澎湖人切身的痛。」

於是，他決心跳出來詮釋家鄉，自己為澎湖發聲，「一方面聚集澎湖人，另一方面讓外界看到澎湖的故事，而非景點，澎湖並不只有海浪沙灘。」在那架設網站仍所費不貲的年代，他滿腔熱血「登高一呼」，居然引來二十位異鄉遊子來信迴響，一群

主人一筆曾在臺北創詩社，《晨曦詩刊》裡充滿他的思鄉情懷。

素未謀面的同鄉就在臺北聚會，相識結盟，共同成立屬於澎湖人的網站，各自奉獻所長，文字、攝影、設計、田調，方方面面都有專才，宛如非營利組織的網站，只為信念與文化認同而努力，一筆強烈相信理想絕非空想，信念可以嵌入現實獲利，十年後，他以「沿著菊島旅行」示範自己提出的商業模式，帶遊客在菊島旅行漫步，走進聚落認識真正的澎湖，他一再強調「全世界只有我能證明我說的話是對的，萬一錯了，賠我自己，如果成功，歡迎複製。」實驗一年，成效立見，深度小旅行在澎湖蔚為風潮，一筆說「願意複製，代表這個模式是對的，大家都有勇氣轉型並因此獲利，澎湖就會改

變，我要的不是一家企業賺錢，微式的成功，而是巨式的社會革命。」

一場無人聞問的颱風，讓一筆毅然自費架設網站拿回自己的文化解釋權；保存文化的理念不被認可，他以「沿著菊島旅行」實踐社會企業的可能性，承襲同一脈絡，即，用文化行動切入生活，形成事業再達到文化轉型，這回，他再出招開設「沿菊書店」，進行一場觀念革命，一筆幽自己一默：「可以說，沒有颱風就沒有沿菊，沿菊的誕生是伴隨著一場苦難。」

以書店為文化行動平臺，靠集體意志把文化找回來

然而，為什麼必須是書店呢？

概念基礎仍在「群體」。誠如小旅行如今形成顯學，將澎湖的旅遊內容由景點觀光轉移到認識地方文化，這種「靠集體意志，把文化找回來的學習過程，書店是最好的舞臺。」因此，外面招牌掛的是書店，主人賦予這個空間的內涵卻是「文化行動的平臺」，它不僅是賣書的地方，而是一筆理想中凝聚澎湖人文化認同的出口。

一筆坦白地說：「澎湖缺的並不是資金，也不是政策或技術，而是觀念。」以書店為文化交流平臺儘管是個好構想，但風險不小，投入重金，賭上人生，扛下千斤萬擔，他既期待又滿懷焦慮「一旦開了，我就沒有資格倒，撐不下去，會對這裡的文化發展造成重傷害。」為此，他惶惶不安，書店開幕前一個月，夜夜失眠，自嘲「只有從前初戀被甩的時候，才會這樣。」會員招募辦法公開當天，他甚至連上網看一眼的勇氣都沒有，深怕「已經卑微到不行的自信心，風一吹就滅了。」

想不到，忐忑難安那一晚降臨在他生命裡的竟是奇蹟，「沿菊書店」會員招募大爆量，同事看到數字，數算了下後面的「0」，不可置信地呼喚老闆確認，而頁面設計的加註留言區「你想說的話」，同樣發言踴躍，湧入同鄉們來自四面八方的暖心鼓勵，二十年來，為了喚回土地認同的集體意識而努力，一筆彷彿瞬間明白

書店為百年屋舍，空間彷若藝廊優雅舒適，部分書籍陳列亦有如藝術品。

了，「其實有那麼多人在關心這塊土地，我們只是那些濃烈情感投射的對象。」詩人讀心細膩幽微，果然無誤，書店開幕當天門庭若市，賣書營業額單日破三萬，連老闆自己都大感意外「這是澎湖嗎？」

鄉親熱烈支持，超乎預期，一筆點滴在心，他與我分享了幾個永生難忘的動人故事：在地藝術家，不顧本身辛苦，為了支持書店行動，非要加入三萬元的桂冠會員不可，一筆勸阻，藝術家卻感謝「沿菊」，為他做了一輩子都不敢做的事，圓了心中文化革命的夢；還有一位在高雄長大的澎湖人，為她思念故鄉的父親認養好幾個會員資格，一出手就是十八萬，那是可以買下一屋子

澎湖鄉親的支持，遠超過一筆的期待，希望此地能持續蓄積澎湖的文化熱能。

書的數字，但對方說，是幫爸爸為澎湖做事。

在地人對「沿菊書店」的支持，也顛覆我們原先以為觀光客為大宗的想像，書店開幕以來，七成消費都由本地人挹注，會員多為家鄉父老，除了兩成熱情外地人，四成在地、四成旅外鄉親，開幕的激情過後，「沿菊書店」與其它商家一樣，難逃新一波疫情衝擊，店主上網抒發心情，隔天立即有顧客前來行動相挺，防疫考量，純買書不停留，重點只在「不能讓這間書店倒，它是澎湖的希望。」這幾個月的驚奇之旅，一筆看到集體能量蓄積澎湃熱力，可以如何改變地方，面對我們讚美他二十年累積有成，一筆正色而謙虛地說：「書店有自己

特地設置兒童閱覽區，期盼童聲朗朗，散播閱讀的樂趣。

的生命，在呼喚澎湖人出來行動，它不是沿菊的書店，也不是我的書店，它就是澎湖人的書店。」

這是澎湖人的書店，比臺北的還美

既是為澎湖而生的書店，必有為澎湖而產的內容，一筆的概念是「澎湖這塊土地未來的文化保存需要哪方面知識，而目前是缺乏的，我就把它帶進來。」他在這雅致房舍內，隔出四大書區，每區主題都經過精心設計：「人文．趨勢流」深入對社會議題的理解、「藝術．小說力」培養將文化轉換成美學的能力、「文學．臺灣書」用文學體現生活再造文化認同、「世界．正創生」深度理解世界避免閉門造車，選書，反映主人心中理想的故鄉藍圖，在「沿菊」，或許看不到熱門排行榜或短效工具書，但書冊與人的連結卻相當緊密。

幾個月來，部分當地人已經習慣到「沿菊書店」體會這份用心，經常來此啜飲一杯咖啡的朋友告訴一筆，其實自己並不常購書、看書，但是很奇怪地「來到這裡，就覺得我該帶本書走。」我們聞言大笑，直呼店主「陽謀」得逞，一筆也戲謔地說：「我們這個空間處處是

一筆最愛的閱讀角落，書店也是他個人書房的延伸。

一筆努力打造的文化空間，希望大家進來閱讀、啜咖啡、討論……駐足停留。

陷阱。」好一個引人知識入甕的陷阱，在主人定義中，它不是一間為了買賣而存在的「店」，而是每個人都能走進來享受並有所獲得的空間，老人家進來找回憶，年輕人聚在這裡討論行動，父母親帶孩子坐下來讀一整天繪本，一筆以為必須花十年才能走完的路，短短四個月已經在發生。

人生際遇，有時微妙得無法以常理解釋，一筆回想書店開幕前招募會員當晚，心中所思盡圍繞在「以後沒錢吃飯了，搞不好要規畫一下怎麼去借錢。」隔天，大批支持者湧入，心念立刻逆轉為「思考規畫下一個二十年該怎麼做？」多麼戲劇化的人生轉折！其實，如果把時間推向更早，他一路走來都在重複上演類似情節，帶動澎湖深度旅行風潮之後，心想可以功成身退了，原「虹橋度假村」老闆娘突然找上門，希望一筆接手她原本的空間，在自己退休後把房子交給值得信任的人，重現生命力，「沿菊文旅」於焉誕生。後來的「沿菊書店」構想，尋尋覓覓兩年找不到合適地點，一度難產想要放棄之際，偏巧遇上篤行十村完成整修開始招商，機緣碰撞才有了今天古色古香饒富風情的人文空間。

回顧接連不斷的生命巧合，這兩年，一筆自然而然地了悟「也許不是我以為的使命，而是我本來就應該做的天命。」不知情者看來，「沿菊書店」位處離島，美則美矣，但旺季之後恐怕人跡罕至，然而，它並不仰賴觀光客生存，這間書店「不是靠市場力量，而是用信念的力量支撐起來的。」目前為止，它的平均營業額甚至高於許多臺灣本島的單一書店，即使裡面的書有朝一日真的滯銷，一筆豪氣地說「那就當做我自己藏書，這裡本來就是我書房的延伸。」

確實，停留澎湖期間，我們去了三次「沿菊書店」，老闆幾乎都親自鎮守在此，兩處場館：「島讀館」與「文創館」，都能見到他忙進忙出的身影，他為在地人營造

除了書店，沿菊也設有文創館，介紹澎湖特產和各式文創商品。

「島讀館」汲取知識，為外來客設置「文創館」介紹澎湖，我們穿梭兩館，身心飽足外加收穫伴手禮，友伴取得熱銷的「澎湖地圖掛布」，用故事遊澎湖的文創商品，畫出群島每個島嶼特色，文化印象想忘也難，至於饞嘴如我，絕對不會錯過食材創生的好味道「蝦油辣椒醬」，帶回給家人品嘗，獲得一致讚賞。

非常務實又充滿理想的「沿菊書店」，沒有落入主人曾經擔憂的曲高和寡，或者文青傲氣的自我解嘲，這間書店，讓在地人驕傲地說：「誰說我們澎湖沒書店，只有文具店，我們書店比你們臺北的還美。」很棒的註腳，我們只是觀光過客，也與有榮焉。

OWNER'S TALK

「一代書店，世代力量」，它是澎湖人的書店。

OWNER'S INFO

一筆

一場無人聞問的風災，讓少小離家的一筆返鄉為澎湖發聲，十年後，他以「沿著菊島旅行」，帶遊客在菊島漫步，走進聚落認識真正的澎湖。現在，他要以書店為舞臺，靠居民的集體意志把文化找回來。

MY BOOKCASE

店主私房書

詩性、哲性、人性與鄉愁，四大支柱撐持「一筆」的人生，與詩人哲學家遙相對話，反映自身人道精神，回望年少詩作，憶拾遊子當年純粹的鄉愁。

OWNER 一筆

1

2

3

《先知的花園》
紀伯倫，聞璟 譯
志文
1990

《草葉集》
惠特曼，楊耐冬 譯
志文
1983

《捷運的出口是海洋》
高世澤（一筆）
九歌
2003

慶齡帶走的一本書

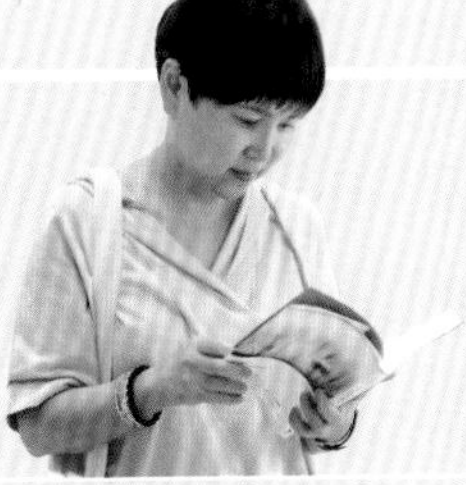

在澎湖海邊的書店，巧遇長濱「書粥」老闆耀威推薦的好書，想必有緣，閱讀鰻魚神秘的一生，思考人生從何而來，去向何方？

AUTHOR 慶齡

《鰻漫回家路：世界上最神祕的魚，還有我與父親》
帕特里克．斯文森，陳佳琳 譯
啟明出版
2022

A BOOKSHOP TOUR OF Taiwan

16

植隱冊室

植物隱藏在書冊空間裡

DATA

Add 澎湖縣馬公市文光路131號
Tel 0982-662194
FB 植隱冊室

年輕小友遊澎湖，熱情向我推薦「植隱冊室」，理由「這是一間很可愛的書店。」用可愛這種字眼形容一間以植物為題的書店，頗令人困惑，但我一向相信文青小友的品味判斷，加以店家臉書粉專自我介紹「植隱也是指引，冊室更為測試」，雙關語意撩撥了我的新聞標題魂，難得飛趟澎湖，就去一探究竟吧！

我必須說，這間書店果然很「可愛」，形容精準！可愛的靈魂來自店主黃士恩。

其實在踏進「植隱冊室」之前，我早已透過《疫情釀的酒》一書初識了這位年輕的書店老闆，這兩年，多數人苦於疫情足不出戶的宅生活，但這位老兄面對行動受困的生活情境，卻寫著「可

以省去不必要的社交活動，其實是一件再幸福不過的事了。」是個貌似安靜的內向者吧？就像《安靜是種超能力》的作者張瀞仁一樣。恰恰相反！初次見面，我們就暢談了兩個多小時，全場並且穿插笑聲不斷，士恩自我形容為「外向型的內向人」，可以表現外向，選擇性社交，同時能夠「獨自閱讀而感到舒適。」書店，正是他巨量閱讀的產物。

見過不少開書店之前買書成癡的老闆，然而買書買到家裡房間塞不進去，只好開書店的例子，倒真是頭一次聽聞。士恩得意地說「開書店還能堵老爸的嘴，當他說不要再買書了，我就回開書店進書很正常啊！」言下之意，這店裡的書，便是主人

選書是主人內在的無聲表達，自然和社會議題反映其人思考。

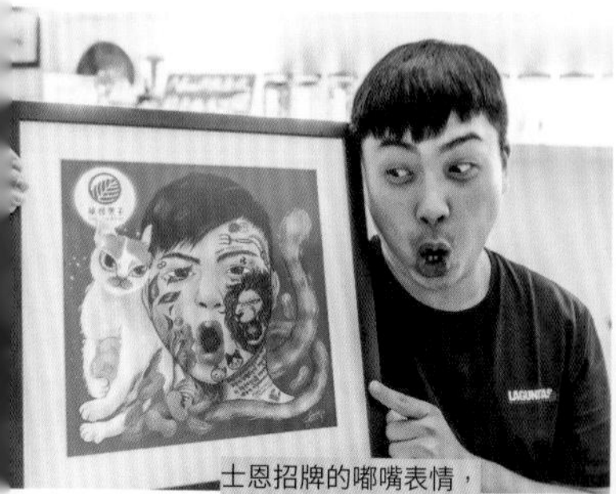

士恩招牌的嘟嘴表情，友人贈畫精準表現出他的神態與關懷。

本身的閱讀清單，植物、身心靈、社會議題、文學，共同構築了「植隱冊室」的書香天地，「植物」結合他對土地的情感，以及這些年從事的「彎腰青年」農耕計畫；「身心靈」反映個人現階段的靈性追求；「社會議題」展現他對社會的多面向關懷；「文學」則是他一直以來的喜好，士恩的書，不見得主流，非常個人化，率性老闆「我想學什麼就去看什麼。」因此，這間書店的選書，還包括他的「學習」。

書就是我的老師！凡事看書學習就對了

「我現在做的事都是從書上學來的，所以我有很多老師。」士恩所言不虛，當年服兵役抽到海軍，怕水的大男孩拉不下臉向人求救，只好買來兩本書自學游泳，依照書上指示，配合現場觀察別人的泳姿，一個月內學會蛙式，軍旅生涯安全過關。書店裡賣的各種複方茶，也是經由書本學習，並請教中藥行專業意見，自行調配基底變化而來的產品，我的攝影搭檔尚彬喝了「安神茶」之後，聲稱當晚一夜好眠。至於他帶著青年進入農村，執行「彎腰青年」澎湖農田復甦計畫，主要的農法知識，同樣汲取自書本。

以書為師，但不盡信書，如是精神反映在店名「植隱冊室」，「植隱」也是指引，在此找到指引良善方向與心之所向的事，「冊室」更為測試，把找到的指引放在人生裡頭測試一番。主人是個雙關語高手，語言創意當然不僅以上官方說法，現場閒聊，又生出「植物隱藏在書冊空間裡，書冊空間裡隱藏著植物」之說，還沒完喔！當我問及選書標準，士恩再展雙關語長才「憑直覺，也是植覺，對植物的感覺。」至此，我已經對他按下一百個讚了。

士恩對植物的熱情，來自土地。他是土生土長的澎湖子弟，從幼稚園一路念到大學，甚至服兵役下部隊都在澎湖，然而，完全不同於我們想像中的澎湖海味，生長在馬公市的他，家族無人討海，與大海並不親近，反而由於外公外婆務農，更常接觸農地與潮間帶，士恩分享童年往事「一把鋤頭兩種用途，白天掘土種花生，傍晚到潮間帶耙蛤蜊。」小學生每星期週記，內容盡是週六日到南寮，與外婆下田當農夫，以及海邊拿醬菜罐抓魚，雖然不「下海」，但是「潮間帶就是我們的冰箱，鰻魚、蛤蜊都從那來。」聽得我這水泥叢林長大的人，豔羨不已！

然而，童年日常到高中大學時期嘎然而止，青春少年郎活躍學校社團，逐漸疏遠了外婆家與農田，直到「北漂」工作拉出距離，回頭才見家鄉容顏已改，休假偶爾回澎湖，他訝異於記憶中的農地怎麼面目全非，滿山遍野全遭可怕的「銀合歡」占領，外婆說，那些農地都廢耕，賣給建商了。看到故鄉地貌「崩壞」如此快速，士恩開始思索自己「外擴的人生」，當初離家，不是出走，「去臺北是為了要回澎湖。」士恩始終清楚，都會，只是吸收養分的地方，走這一遭，目的在於擷取喜歡的元素帶回故鄉。

帶著臺北旅遊業與蔬食餐廳的工作累積，以及心裡對土地的想法，他提早歸鄉了，結合蔬食和草本概念，開設「草根果子」販售自創的漢方冰鎮滷味，還有各項養生茶飲，同時回到熟悉的外婆家，重新拿起鋤頭。不過剛開始，他的「彎腰青年」澎湖農田復甦計畫，被外婆斥責「起肖」，老人家務農了一輩子，深知農活辛苦，怎麼捨得孫子複製同款人生，然而士恩非做不可，因為「計畫竟然審核通過了。」趁此機會，硬著頭皮，將心中擘畫許久的藍圖付諸實現，他煞有介事整農舍，買種子、肥料、農具，帶著年輕人一起種花生，即使計畫早已結案，外婆也離開了，他至今仍在繼續著自己的農田復甦計畫。

悠游魚兒會指引前往冊室的方向。

聚焦在自身與土地的連結，彎腰青年、草根果子、植隱冊室，無一不是環境議題

我們經常在無意之間，源起一個善念，而後啟動始料未及的正向循環，士恩正是如此。當初提出「彎腰青年」構想，來自對土地的真心關懷，從小跟著外婆耕種，他比誰都明瞭，農地一旦變成建地，便永遠回不去了，他躬身下田，保留外婆的農地，也為成年後的自己，留存祖孫之間一段美好回憶。士恩笑說，外婆生性好強，對年輕人「與雜草共生」的農法頗不以為然，祖孫倆相互競爭誰種得好，結果，他開心贏得外婆肯定「你種的好像比較香。」

士恩從老人家的經驗、自身的觀察以及書本學來的知識，創新農作觀念，澎湖少雨、土地貧瘠，雜草和蟲類都是土壤幫手，他請「彎腰青年們」切勿胡亂除草，真得適時拔點雜草，要對土地說「來剪頭髮了。」殺生，更是嚴格禁止，萬一不小心誤殺蟲類，只好視為「業務過失」。士恩伶俐幽默，逗得我們哈哈大笑，他所陳述的概念，以自然農法孕育土地與作物，我曾在兩本書上看過：《大地歡喜的感恩奇蹟》與《除了自己成為不了別人》，因而又將話題岔到閱讀，大聊特聊了起來，沒想到，我這個城市鄉巴佬，有朝一日竟能藉由書本，與人高談闊論農業。

請原諒我的亂入，言歸正傳。士恩之所以持續運作「彎腰青年」計畫，不僅為外婆的田地，更為澎湖許多年邁的阿公阿嬤。無法再從事體力活的老人家，在後繼無人的情況下，賣地分產往往是唯一選擇，他與青年們串連，用「兼農」方式將活水帶入農村，媒合年輕勞動力協助老農，藉由「師徒制」傳承豐富經驗，同時讓土地恢復生機。

返回澎湖後，士恩看似做了很多不同的事，究其根源實則都聚焦在自身與土地的連結，「彎腰青年」、「草根果子」、「植隱冊室」無一不是環境議題。其中，書店原本不在他的規畫當中，但是「安書宅」主人在離開澎湖返回自己家鄉之前，心心念念對他說「所有離島，包括金門、小琉球都有書店，澎湖怎麼能夠沒有書店！」令他心中一震，來自基隆的外地朋友都這麼關心澎湖了，自己怎可坐視！何況，開書店還能處理家中滿溢的書冊，更名正言順地買書看書，一舉兩得，於是他順勢接棒「安書宅」，快速在「草根果子」一代店，辦了場「說書人」活動，公告書店開幕。

搬遷到現在新址後，「草根果子」和「植隱冊室」仍然共用同一空間，以樓層區分，餐廳在下，書店在上，腦袋充滿串連邏輯的士恩說明「草根果子在一樓提供養分給二樓的植隱冊室，就像根在土中將養分輸送給上方的植物。」說的很有學問，其實就是靠樓下的廚房養樓上書房之意。主人心中雪亮，他的個性化選書，不為大眾而生，能做的，除了仰賴其他事業撐持，其他就得發揮創意製造商機。

新書採租售混合，原價試閱一週，不買可退押金，既提供閱讀體驗也帶動書本流通

從不墨守成規的士恩，自有一套生意經，「植隱冊室」的新書採租售混合，別具一格。書店內所有沒封膜的新書，看一星期租金均價五十元，押金則為書本原價，讀者試閱一週後，願意保留買下，到書店拿回租金即可，倘若想要歸還該書，只需支付租借費用五十元，不過店家保留檢查權利，新書若遭折頁或毀損，視情況扣除押金。他的想法來自本身經驗，並非人人都有足夠空間或預算購買新書，能夠提供閱讀體驗，又能帶動書

本流通，這項聰明點子，對書店營收不無小補。

無論暫租、直接購買或者在店內閱讀，士恩統計「上去書店至少拿一兩本書下樓的比例大約六成。」主人自覺滿意，畢竟開書店的動機之一「是為了填補城鄉差距。」只要人們願意翻閱，都能達到原始目的，並且，主人好客健談，「植隱冊室」靠著口耳相傳、熟人帶路的「直銷」模式，聚攏不少常客，他將書店定義為「觀景窗」，讀者可以透過選書模式，或者聊天互動，得知他對地方的觀察態度，達到想望中「以植物和土地的概念來看澎湖」的目的。

愛書又愛鄉的士恩，開書店，似乎早有脈絡可循。他的閱讀經驗啟蒙很早，小學就已萌芽，住家距離澎湖縣立圖書館僅幾步之遙，得天獨厚。在臺北工作期間，又適得其所被調到「敦南誠品店」當店長，他打趣地說「人家問我在哪工作？我就說敦南誠品，其實，是在B1的蔬食餐廳啦！」言談中，他相當懷念那段「偽誠品人」的日子，二十四小時營業的書店，是他下班後的精神居所，當時隻身在臺北「只要上樓聞到書的氣息，就覺得安心，好像瞬間就能沉澱下來。」

那段經驗令他深刻體會到空間氛圍對人的潛移默化效果，也強化他對紙本書的迷戀，貌似活潑搞笑其實內在感性的士恩，形容紙本閱讀「把手指按壓在書頁上，是一種可以用身體控制閱讀速度的感覺，書頁會記住自己的習慣，跟人產生連結，彼此共鳴。」對待書本，他慎而重之，仿古人「惜字亭」精神，尊敬將思緒灌注於文字的作者，除了內容，書的整體設計與使用紙材，在他的選書標準中同樣不可或缺，「觸感」之於他，也是閱讀的一環。

得知主人癖好，我們就不難理解「植隱冊室」何以呈現今時樣貌了，即使空間有限，店主依然樂於分享書本設計全貌，大量自然與植栽主題書的封面集結，烘托室內綠意。這裡除了自然，還有人文，滿室「媽祖」畫像讓我們乍見肅然起敬，原來是藝術家朱朱在此展覽寄售的文創商品。開書店，士恩意外收穫許多「不可思議的人際關係」，與作家、藝術家、音樂人、書店同行結交，拓展個人視野，多元化書店講座活動，他說「閱讀是我最大的力量來源。」書店亦然。

「植隱冊室」對環境的關懷，並不僅限土地，主人自稱與海不熟，卻也同步關心海洋生態，首次造訪的顧客，別擔心從一樓的「草根果子」進門找不到通往書店的路徑，白牆上的藍色「魚漂」會為讀者指引上樓方向，十足澎湖風情。想進一步品嘗澎湖的味道，就來罐「島啤酒」吧！麥芽香融合澎湖特有的風茹草，友伴至今念念不忘，認識新舊澎湖，「植隱冊室」加「草根果子」是間可以喝啤酒配滷味的好教室。

開在澎湖的書店，除了滿室書冊與植物，店裡也充滿海洋子民對媽祖的虔敬。

OWNER'S TALK

書店是主人內在的延伸，逛一圈就知道我在想什麼。

OWNER'S INFO

黃士恩

外表貌似安靜、內向者，聊開之後，完全不是這麼回事。士恩自我形容為「外向型的內向人」，可以表現外向，選擇性社交，同時能夠「獨自閱讀而感到舒適。」書店，正是他巨量閱讀的產物。

MY BOOKCASE

店主私房書

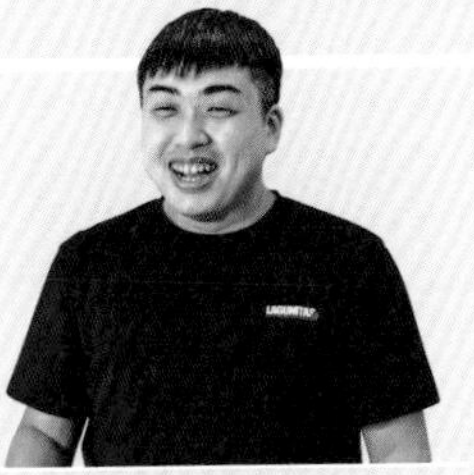

OWNER 黃士恩

攝影文集，詩情畫意。愛攝影的士恩，著迷鏡頭下的家鄉，一幀幀人文紀事與自己的記憶重疊，專屬澎湖的時令飲食與冬季的鹹水煙，真實澎湖躍然紙上！

1

2

《食物戀》

張詠捷
野人
2005

《鹹水煙──澎湖印記》

謝三泰
謝三泰
2020

慶齡帶走的一本書

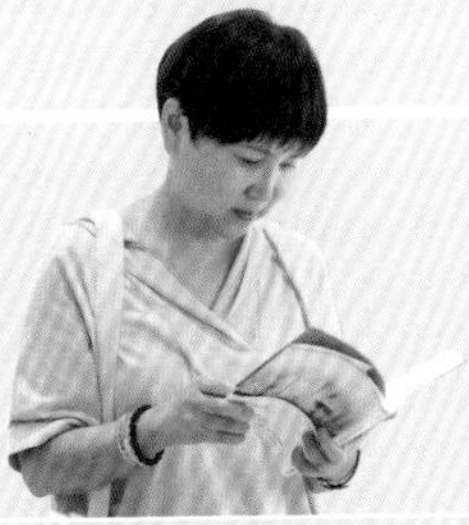

AUTHOR 慶齡

店主說故事太誘人，封面照意境太動人，於是買下此生第一本攝影集，跟著黑白照片坐一趟時光機，認識我所不知道的澎湖。

《鹹水煙──澎湖印記》

謝三泰
謝三泰
2020

後記

緣分砌成的《島讀臺灣》

寫這本《島讀臺灣》，起心動念有二。

最初源頭是《名人書房》節目的「走書房」單元，尋外景地踏查書店，本意在名人體驗分享之外附加閱讀空間介紹，藉特色書店吸引觀眾擴大對閱讀的想像。拍攝告一段落，播出也引起了些迴響，但心裡有那麼點意猶未盡，總覺得短片沒能把故事說全，何況，尚有許多名單在口袋裡，等著攤開述說。

我是個知難行也難的人，動作之前往往思慮多時，做起事來也不太俐落，所幸身旁有群積極進取的夥伴，持續為我添柴加溫，四處蒐集材料明查暗訪，想來，我們應是集體患上了「書房」職業病，走到哪都要進書店瞧瞧，本書正是一群人花了兩三年時間「瞧」出來的產物。

書寫成冊畢竟是大工程，已經飽和的忙碌生活令人有心無力，直到二〇二一年末節目專訪嚴長壽先生，相隔十多難得再見，認真溫故知新細讀嚴先生一系列著作，加以錄影現場深談交流，我因此更清楚了公益平臺基金會這些年在花東地區的作為，嚴先生以其深厚人文涵養結合數十年觀旅業經驗，集眾人之力串起「東海岸美麗的藝術鍊」，那麼，渺小的我，能否也盡點棉薄之力將近年走過的書房，串成臺灣知性的人文風景鍊呢？《島讀臺灣》概念於焉成形。

心念一旦啟動，該來的緣分便磁吸而至，生命經驗已實證過好幾回了。幾乎在同一時間，我得知臺北又有一間書店即將誕生，並且它的前世今生揉雜了臺灣的商業歷史、文化發展與一個家族的故事，說來湊巧，其間核

心人物原來是我尊敬且熟悉的讀書共和國出版集團社長郭重興！事由說到底仍圍繞在閱讀之重要以及書店之必要，一直以來，每每提到「臺灣人不讀書」，郭社長總說是個假議題，他認為，該怎麼鼓勵大家閱讀、支持創作才是思考重點，對於我們的讀書與購書率遠低於鄰近的日本、韓國，郭社長直言這是「國安危機」，已經年過七十的他念茲在茲，腦中盤旋「我能做什麼？」起而行，他竟認真實踐開起了書店。

他的出版集團書系齊全，成長穩定，然而郭社長認為「書店才是真正跟讀者接觸的地方，要推廣閱讀，這是最積極的一步。」終生與出版為伍，但他更陶醉於書店

「書店才是真正跟讀者接觸的地方，要推廣閱讀，這是最積極的一步。」帶著終生的出版志業，郭社長回到迪化街，設立「郭怡美書店」。

的芬芳，書店能進入社區遍地開花「讓內容的香氣跑出來。」之於他，才是完整的文化藍圖。出版人理想本於胸懷社會，想不到，竟微妙地牽引出個人的家族記憶，當年臺北迪化街祖父的起家厝「郭怡美商行」復歸招租，情節宛如實境節目「我們回家吧」買回老家的感人橋段，儘管業主只租不售，緣分悄然而至仍教人心緒澎湃，郭社長毅然承租下來，帶著終生的出版志業，回到迪化街，在百年前祖父叱吒商場的根據地，以文化重啟「郭怡美」商號。

一間書店的誕生

人生因緣真是玄妙難測，一位出版集團社長記掛社會整體閱讀力，心心念念尋覓地點開設書店遇見讀者，居然，巧遇到自己的家族老厝，使命感結合個人情感，意義非凡；而我，因為正著手寫一本關於個人與書店相遇的書，躬逢其時無意間見證了一間書店從無到有的過程，接下來，請容我用一點篇幅，講述「郭怡美書店」的誕生。

在我伏案寫書這幾個月，大稻埕的百年歷史建築內部正在謹慎施作改造，將日治時期的「郭怡美商行」變身為二十一世紀的「郭怡美書店」，一九二二年興建的華麗街屋是當年迪化街「三仙」之一郭烏隆開設的商號所在，根據相關史料記載，一八九六年創辦的「郭怡美」為大稻埕早期的雜化商店，日治中後期，與周邊商號「莊義芳」、「怡和泰」可以共同主導綠豆等穀物之市場價格，具有一定商業領導地位，見證臺灣商業發展，建築正面牌樓式及泥塑商號「郭怡美」至今仍完整保留，不得不說，歷史的安排精心巧妙，郭家後人正好在洋樓興建百年之際的二〇二二年重回起家厝，即將進駐三萬書冊在此打造知識殿堂，改變迪化街的文化風景。

百年建築為準古蹟，必須保留物件復歸原樣，不容絲毫破壞，如何利用現有格局營造書店風貌，成為主理人威利的首要考驗。威利？沒錯，就是他，前文「一間書店」店長，百年大疫世界停滯，他卻人生大轉彎穿梭在兩間書店忙得團團轉，「郭怡美書店」的難度比之現代風格的第一間書店高出不知凡幾，除了建築本身須當小心維護，偌大深長街屋的區位設定也讓他絞盡腦汁。

本書共同作者，我的好搭檔尚彬以鏡頭紀錄書店幾個月來的演進過程，定期前來拍攝。初見老厝，容顏是雍容大器的華貴深宅，空而不廢，修復保存堪稱完善；接著，設計師來了，不能動隔間，不得鑽牆打釘，空間質感不靠大興土木而是憑創意打造，設計者非常聰明地運用燈光照明營造古厝氛圍，獲獎無數的燈光設計團隊擅長以光為語言與大眾對話，概念新舊交融，內造嵌燈低調放光，入門處有米斗燈呈現舊時風情，既是照明設備亦是雅致造景，書籍落位

啟動整修改裝工程的「郭怡美商號」。

處，燈光角度、亮度、色溫都是學問。

從空屋、工地、初具雛形到櫃位落定，尚彬按下無數快門紀實，當我抽空再前往時，大批裝箱書籍已經運抵，正如火如荼上架當中，二進屋共有五處區域，主理人統合外圍街區特色與內部行走動線，依商業模式考量進行規畫，區分功能為Bookshop、Cafe、Library、Showroom、Salon，主題標註看似不同，其實內涵都是書，第一進店面入口Bookshop，臺灣民俗、文化、生態、歷史、文學無所不包，大稻埕由於港口地利匯集南北生活雜物，曾為北臺灣最重要的商業中心，來此尋找臺灣百業百態，再適合不過。

穿過天井，進入第二進一樓，是供人小憩的飲食區，古宅不能使用明火，郭社長更堅決「不能把我的書店變成咖啡廳。」因此，這裡僅提供咖啡、茶及少樣輕食，不過，環顧四周心靈資糧豐富，自然、人文、生活風格應有盡有。拾級步上二樓，Library開展眼前，此區名符其實誠然是個圖書館，中外典籍以地域文化為原則劃分，設計上同樣融入圖書館特色，書櫃間置入座位，宛如書間歇腳亭供人長時間在此閱讀。與之相連的後方第二進二樓，不負Showroom之名，設計精美的圖書大量秀面排開，遼闊空間亦可為講座活動之用，「秀」出另一種功能。

從這裡陽臺望去，正好面對過去以天橋連結的郭社長祖屋洋樓，老家留有他的人生三十六年黃金歲月，昔時風華猶在，但郭氏家族已遷出三十餘年，我們在一樓巧遇「莊義芳」商號莊輝玉後人，與郭社長同為迪化街「三仙」孫輩，古稀之年相見，難掩欣喜之情，只見莊家後人緊握郭家後人雙手，直呼「看到你真好，你回來更好！」老人家真情流露，近距離旁觀的我們，無不動容。

事實上，自老商號重新動工以來，周邊鄰里便不時前來張望，「聯華食品」對面為「郭怡美」起家厝，與郭家頗有交情的老董勉勵威利「咖啡煮好一點，我會來喝。」揹負眾多期待，艱難

走到最後一哩路，威利卻苦笑說心中「無悲無喜」，身為書店實質經營者，開幕之後才是真正挑戰。不過，始終沒停下手中工作的店員凱雯卻滿懷期待，對我說此刻心情「痛並快樂」，果然是活力十足迎向光明的年輕心靈啊！

到書店邂逅一本喜歡的書吧

各位翻閱到這篇後記時，「郭怡美書店」應已萬事俱備開幕營運了，相信讀者到大稻埕走進這間豐美的書店，必能感受到歷史的趣味與知識交流之樂。在我心中，發掘更多、探索更深，是實體書店永遠必須存在的理由，我無意鼓吹任何一種

購書方式，數位生活有其便捷利索，可支配預算也有其侷限，我自己便經常上網瀏覽書城下單選購，然而，我還是不時走逛書店，享受沉靜、發現驚喜，如同獨角獸計畫創辦人李惠貞所言「書店，讓我們與未知相遇。」走讀旅程，真的讓我意外遇見了許多曾經的未知。

「郭怡美書店」準備開幕前，我在書堆之間觀察紀錄，每到一個書區，總忍不住有所談論，相信嗎？無論提到哪個系列、哪本書，都有至少一位忙碌上架中的店員轉身回應我，百年古厝裡臥虎藏龍，店員們各有擅長領域身懷絕技，我想，只有讀遍古今中外的店長威利方有能耐邀請到這些優秀文青合力打拚吧！

從「一間書店」到「郭怡美書店」，只要湊近人文社科領域書區，威利總能提供綿延不盡的解說提點，指引我更多閱讀道路，花蓮「一本書店」的Miru和吳巍也是如此，涉獵既廣且深，若非他們引介，我也許至今都無緣走進《局部》接觸陳丹青的畫作與思想，萬沒料到，環島走讀竟能提升我這美術庸才的眼界，我在「童里繪本洋行」看到繪本不可思議的至高境界，敬佩小萩長期深耕圖文領域的投入用心，一生做好一件事，澎湖「沿菊書店」的一筆同為典範，鄉情未必只能訴諸愁緒，馬公街上「植隱冊室」的士恩走不同路數擁抱故鄉，兩位書店老闆各自以創意和熱情，點亮菊島的文化之光。

以書店抒發在地情懷，臺灣本島亦所在多有，信誼基金會董事長張杏如勇敢接手「中央書局」，扛起重任為臺中人保留集體記憶；企業家回饋鄉里，Ben在新竹做出最佳示範，「或者」系列五感閱讀帶動新型態文化體驗；屏東「勝利星村」小而美的「小陽日栽書屋」依芸盡一己之力，保留當地眷舍，發散書香；同在「勝利星村」，作家郭漢辰夫婦為保留張曉風舊居「永勝5號」竭盡心力，一生為文學不悔；「七木。人文空間」以生態教育為己任，眷村生活園區裡的書店因而更加多樣化。

書店，確實可以很多元，長濱「書粥」和高雄「三餘書店」的實踐範圍都遠超過傳統認知的書店，開啟我新

書店職人用盡心力，為讀者準備一個與書邂逅的場所。

的想像視野；臺南「烏邦圖書店」與基隆「樂心書室」兩位年輕店長則讓我見識到新世代的閱讀方向；而桃園「晴耕雨讀小書院」及宜蘭「嶼伴書間」以書店建立教養基礎，將書本知識落實於日常，令我更加堅信無用之用是為大用。

一間書店，無限可能，謝謝所有抽空與我分享書店人生的送書人們，書寫中整理資料重新回味這段走讀旅程，偶爾會自顧自在書房陷入沉思或捧腹大笑，這點必須特別向勞苦功高的好友尚彬、裕儀致謝，將訪談過程的聲音與影像完整紀錄下來，不但有助書寫內容表達正確，同時《島讀臺灣》影片亦可補我文字敘述不足之處。

當初心中構想得以落實成書，讀書共和國李雪麗總經理、孟庭居功厥偉，發揮強大企畫力提案「島讀臺灣：全臺獨立書店閱讀推廣計畫」，謝謝文化部體察企畫精神給予本案協助。採訪執行面，前置踏查、聯絡工作動員諸多「義工」好友智萍、文欣、小喵無償後援；搶時間的編輯作業勞煩淑雯總編、明月與設計爆肝趕工，在此一併謝過。

所有人的所有用心，都是為了傳達閱讀的美好，島內旅行正盛，安排景點時，不妨把書店列入其中，臺灣有許多美麗的人文景致值得細細品味，與博學的店主們聊聊，邂逅那本當下正適合你的書吧！

島讀臺灣

旅行時，到書店邂逅一本書

撰文｜詹慶齡
攝影｜余尚彬
影音製作｜人子拼圖
封面＆內頁設計｜D-3 Design
內頁版面協力｜黃淑華
特約主編｜一起來合作
編輯協力｜唐芩
總編輯｜林淑雯

島讀臺灣計畫總策畫｜李雪麗
計畫推廣小組｜蔡孟庭、盤惟心

讀書共和國出版集團
社長｜郭重興
發行人｜曾大福
業務平臺總經理｜李雪麗
業務平臺副總經理｜李復民
實體通路協理｜林詩富
網路暨海外通路協理｜張鑫峰
特販通路協理｜陳綺瑩
印務｜江域平、黃禮賢、李孟儒

出版者｜方舟文化／遠足文化事業股份有限公司
發行｜遠足文化事業股份有限公司
231 臺北縣新店市民權路108-2號9樓
電話｜（02）2218-1417　傳真｜（02）8667-1851
劃撥帳號｜19504465　戶名｜遠足文化事業有限公司
客服專線｜0800-221-029　E-MAIL｜service@bookrep.com.tw
網站｜www.bookrep.com.tw
法律顧問｜華洋法律事務所 蘇文生律師

定價｜480元
初版一刷｜2022年12月
初版三刷｜2023年 2 月

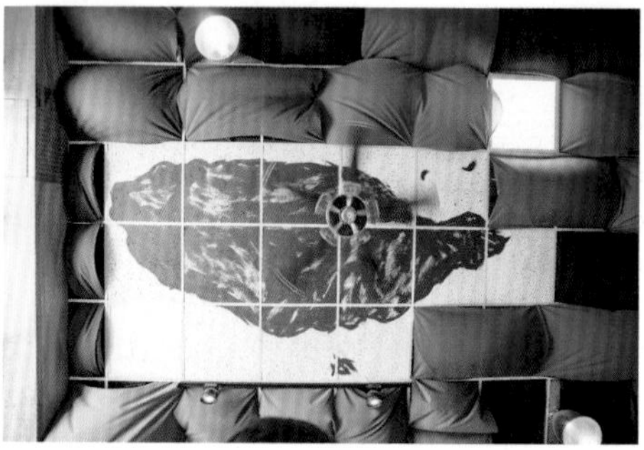

國家圖書館出版品預行編目（CIP）資料
島讀臺灣：旅行時，到書店邂逅一本書／詹慶齡撰文；余尚彬攝影
-- 初版. -- 新北市：方舟文化出版：遠足文化事業股份有限公司發行
2022.12，240面；17×23公分
ISBN 978-626-7095-86-7（平裝）
1. CST: 書業　2. CST: 臺灣
487.633　111019051

島讀臺灣粉絲專頁

方舟文化讀者回函

方舟文化官方網站

本書為「島讀臺灣——2022全臺獨立書店閱讀推廣計畫」出版系列

感謝 文化部 MINISTRY OF CULTURE 贊助